ABHANDLUNGEN DER DEUTSCHEN AKADEMIE
DER WISSENSCHAFTEN ZU BERLIN

Klasse für technische Wissenschaften
Jahrgang 1953 Nr. 3

KARL KEGEL

GASAUSBRÜCHE UND GASGEWINNUNG IM BERGBAU

1954

AKADEMIE-VERLAG · BERLIN

Vorgelegt in der Gesamtsitzung vom 10. Dezember 1953
zum Druck genehmigt am gleichen Tage, ausgegeben am 20. August 1954

Erschienen im Akademie-Verlag GmbH., Berlin W 8, Mohrenstraße 39
Veröffentlicht unter der Lizenznummer 1218
des Amtes für Literatur und Verlagswesen der Deutschen Demokratischen Republik
Satz und Druck der Buchdruckerei F. Mitzlaff KG., Rudolstadt i. Thür. (130) V/14/7
Bestell- und Verlagsnummer: 2001/53/III/3
Preis: DM 4,20
Printed in Germany

Inhalt

I. a) Struktur der Kohle und des Gebirges als Vorbedingung der Gasausbruchsgefahren

Unter Gasausbrüchen versteht man die plötzliche Entspannung adsorbierter Gase — insbesondere CO_2 und CH_4 — aus dem anstehenden Gebirge, wobei dieses in mehr oder weniger großem Umfange feinkörnig bis staubfein zerfällt.

Während CH_4 stets in dem Kohlenflöz entstanden ist, in welchem es auftritt, ist es in den Fällen, wo es im Salzgebirge auftritt, erst nachträglich in dieses eingedrungen. Für die autochthone Bildung des CH_4 im Kohlenflöz spricht die von PATEISKY[1]) veröffentlichte Beobachtung. „Schon von Schlesisch-Ostrau her war es Dipl.-Ing. PILLAR und dem Verfasser bekannt, daß in Streben mit stark grubengasführenden Kohlen das hygroskopische Wasser nach wenigen Tagen stark zunahm . . .“ „Immerhin läßt das Schaubild deutlich erkennen, daß im allgemeinen der Wassergehalt der gasreichen Vitrite tiefer liegt als der der schwach gasenden Vitritproben.“ Aus dieser Feststellung kann der Schluß gezogen werden, daß der hygroskopische Wassergehalt frischer, stark gasender Kohlen geringer ist als der hierfür in Betracht kommende Poreninhalt derselben. Offenbar wurde ein Teil dieses Wassers durch die Gasbildung verdrängt.

Die Entstehung des CH_4-Gases im Flöz ist natürlich für die Verteilung des Gases im Gegensatz zu dem nachträglich eingedrungenen CO_2-Gas von ausschlaggebender Bedeutung.

Über das Eindringen der CO_2-Gase in die Kohlenflöze von Waldenburg, im Gardbecken, dem Becken von Brassac und im Singles-Gebiet führt Dr. W. HERRMANN[2]) an, daß die CO_2 aus einer magmatischen Störungswelle während der Zeit der Alpenfaltung aus der Tiefe aufstieg, sich flächenhaft in porösen Gesteinsschichten ausbreitete, u. a. auch in die liegenden und hangenden *porösen* Sandsteine. Die Kohlenflöze selbst werden infolge ihrer Dichte weniger als Abflußwege gedient haben, ebensowenig die Schiefertone. Die CO_2 drang vielmehr vorwiegend auf Klüften und geologischen Zerrungszonen nach oben. Hierbei drangen die CO_2-Gase an Stellen in die Kohle, an denen unmittelbar über oder unter dem Kohlenflöz poröse, gasdurchlässige Gesteinshorizonte lagen oder wo gasführende Störungszonen es durchsetzten. Erfahrungsgemäß liegt stets ein erhöhter CO_2-Gehalt in der Kohle an solchen Stellen vor. Diese Steigerung des CO_2-Gehaltes an tektonischen Störungsstellen ist so auffallend, daß nach HERRMANN der Geologe Prof. Dr. v. BUBNOFF darüber mit den Worten urteilte: „Ich kenne keine Stelle, wo die Ausbruchsgefährlichkeit nicht mit gebirgsbildenden Verschiebungen zusammenhängt.“

In den Steinkohlen muß man zweifellos unterscheiden zwischen der durch die normale Inkohlisierung bedingten Porosität derselben, welche deren Entgasungsmöglichkeiten bestimmt, und den zusätzlich durch die Tektonik bewirkten physikalischen Strukturänderungen, welche vorwiegend deren Ausbruchsgefährlichkeit bewirken.

---

[1]) Bergbau-Archiv 1951, S. 65 ff. Dr. PATEISKY: Die Art des Vorhandenseins des Grubengases im Gebirge und seines Auftretens.

[2]) Zeitschr. f. Berg-, Hütten- und Salinenwesen (Z. B. H. S.) 1932, Bd. 80, S. 134. Dr. W. HERRMANN: Ein Beitrag zum Problem der Kohlensäureausbrüche in Steinkohlengruben auf Grund bergmännischer Beobachtungen in schlesischen CO_2-Betrieben.

Zur Klärung der physikalischen und chemischen Struktur der Steinkohlen geht VAN KREVELEN[1]) von der Erkenntnis aus, daß der für Gläser charakteristische Wert

$$\frac{n^2-1}{n^2+1}\cdot\frac{M}{d}$$

auch für glasähnliche Kunststoffe, wie Polyäthylen, Polymethylmethacrylat usw. gilt, so daß er offenbar auf alle glasähnlichen Stoffe angewendet werden kann. Vitrit bricht muschelig wie Glas, kann also in erster Annäherung als unterkühlte Flüssigkeit angesehen werden. Zwar ist das Molekulargewicht der Steinkohle unbekannt, kann aber mit guter Annäherung bestimmt werden nach der Gleichung

$$M_C = 12{,}10 + 1{,}08\frac{H}{C} + 16{,}000\frac{O}{C} + 14{,}008\frac{N}{C} + 32{,}064\frac{S}{C}.$$

Kennzeichnend für die Struktur der Steinkohle sind der Prozentsatz an aromatischem Kohlenstoff im Kohlenstoffskelett und die Abmessung der aromatischen Ringsysteme („Kluster").

Die Abmessungen der aromatischen Ringsysteme nehmen während des Inkohlungsvorganges zu, während sich gleichzeitig der nichtaromatische Anteil der verbindenden „Brücken" vermindert, die wahrscheinlich zerbrochen werden. Mit Zunahme der Inkohlungsstufe vergrößert sich die Abmessung der Aromatwaben (Kluster) und verringert sich die Brückenzahl. Mit der Abnahme kovalenter und Wasserstoffbrücken nimmt die Porosität zu, die Kohäsion ab. Letztere wächst aber infolge der gleichzeitig sich vergrößernden Aromatwaben.

Im Bereich der Fettkohle hat die Resultante dieser Kräfte ein Minimum. Daher hat die Fettkohle die vergleichsweise große Makroplastizität.

Nach den Untersuchungen von G. HUCK und I. KARWEIL[2]) gelten bei den Kohlen die von NEWITT angegebenen Überlegungen über den Druckeinfluß nicht nur für bimolekulare Reaktionen, sondern auch für monomolekulare, weil ein Teil der Reaktionspartner gasförmig ist und aus dem System entweichen kann. Dazu ist allerdings ein poröser Aufbau notwendig und muß eventuell durch die tektonische Gefügestörung geschaffen werden. Während im Gebiet der gasreichen Kohlen die gebildeten Produkte infolge der *relativ weiten* Poren noch teilweise entweichen können, ist dies bei fortschreitender Inkohlung, etwa bei den Fettkohlen beginnend, nicht mehr möglich. Das Methan ist eingeschlossen und kann erst entweichen, wenn beim Abbau Spalten in der Kohle entstehen bzw. deren Poren erweitert werden.

Wasser vermag Fettkohle, wenn auch geringfügig, zur Quellung zu bringen. Es ist nicht ausgeschlossen, daß die dabei auftretende Porenerweiterung genügt, um das Methan in Freiheit zu setzen.

Der Elastizitätsmodul [die Mikrohärte[3]) = MH] nimmt nach VAN KREVELEN bis 82% C-Gehalt zu und erreicht hier rund 42 MH. Sie fällt dann bei 90% C-Gehalt auf 28 MH und steigt von 92% C an sehr steil an. Wahrscheinlich genügt auch die durch elastische Dehnung der Fettkohle bei Druckentlastungen bewirkte Porenerweiterung, um Gas abströmen zu lassen.

Zu beachten ist, daß bei Poren unter 30 ÅE Durchmesser die makroskopisch definierten Oberflächenspannungen und der Randwinkel ihren physikalischen Sinn verlieren. Immerhin ist festzustellen, daß es bisher nicht möglich war, einwandfreie Messungen der Porenweiten und der Anteile der verschiedenen Porenweiten im Gesamtporenraum der Steinkohle durch-

[1]) Brennstoff-Chemie 1953, Heft 11/12 (Juni), S. 167. D. W. VAN KREVELEN: Physikalische Eigenschaften und chemische Struktur der Steinkohle.

[2]) Brennstoff-Chemie 1953, Heft 7/8 u. 9/10. G. HUCK und I. KARWEIL: Versuch einer Modellvorstellung vom Feinbau der Kohle.

[3]) Mit gewisser Berechtigung kann man von der Mikrohärte auf den Mikroelastizitätsmodul schließen.

zuführen. Man kann diese Werte nur im eng begrenzten Bereich der Erfahrung abschätzen. Jedenfalls muß man von den Erfahrungstatsachen ausgehen.

In den anstehenden *nicht* ausbruchsgefährlichen Kohlenflözen sind schon erhebliche Drücke in entsprechend abgedichteten Bohrlöchern von einigen Metern Tiefe gemessen worden. Wenn auch zuzugeben ist, daß der Gasdruck am Ortsstoß infolge der Gasausströmungen innerhalb einer mehr oder weniger breiten Zone auf eine ungefährliche Höhe abgesunken ist, so ist diese Voraussetzung an der Wandung eines schnell vertieften Bohrloches nicht gegeben. Wenn es hier nicht zu einem Gasausbruch kommt, so muß zwingend gefolgert werden, daß die Festigkeit der Porenwandungen den aktiven Gasdrücken entspricht. Der Eintritt von Gasausbrüchen setzt voraus, daß die Kohäsion des ausbruchsgefährlichen Gebirgsgliedes, sei es Kohle, Salz oder ein anderes Gestein, den etwa auftretenden aktiven Gasdrücken keinen ausreichenden Widerstand entgegensetzen kann. Mit diesen Feststellungen sind jedoch die erfahrungsgemäß mit den Gasausbrüchen verbundenen Erscheinungen noch nicht restlos geklärt.

Die ausbruchsgefährlichen Kohlen sind besonders in Gebieten tektonischer Störungen dicht, verwalzt und zerdrückt. Die oft auftretende Verwalzung ist meist auf Seitenverschiebungen innerhalb des Flözes, etwa parallel zur Flözebene, zurückzuführen. Hierbei sind die eingelagerten Bergezwischenmittel fein zerrieben und in die Kohle eingeknetet, so daß nach HERRMANN die ausbruchsgefährlichen Kohlen weich sind und eine geringe Kohäsion haben. Zu grundsätzlich derselben Feststellung kommt auch Dr. HÖHNE[1]) bei seinen Untersuchungen „Über die Kohlensäureflöze Niederschlesiens"[2]), die er insbesondere auf der Rubengrube durchführte. Er kommt (S. 480) zu den nachstehenden Ergebnissen, die hier wörtlich folgen:

> „Aus dieser Zusammenstellung ergibt sich, daß die Kohle der verschiedenen Flöze an allen Ausbruchsstellen, die nach dem Ausbruch vermessen wurden, nicht mehr in ungestörter Lagerung ist. Es ist vielmehr überall eine starke Beanspruchung zu finden. Drückt sie sich an der einen oder anderen Stelle nicht in der üblichen Schubfaltung, Pressung, Stauchung, sondern nur makroskopisch in einer starken Klüftung aus, so ist diese doch, wie die mikroskopische Untersuchung gezeigt hat, äußerst intensiv und läßt sich bis in das Feinstgefüge verfolgen. Es treten dann Klüftezahlen (die Zahl paralleler Klüfte pro cm^2) bis zu 30 000 auf. Auf 1 mm^2 Oberfläche sind in solchem Fall rund 300 Klüfte vorhanden. Hier bestätigt sich also auch wieder die Annahme der Vergrößerung des Porenvolumens durch die Durchbewegung der Kohle, auf die schon einleitend hingewiesen wurde.
>
> Die zweite auffällige Beobachtung ist, daß es zwei verschiedene Arten von Ausbrüchen gibt. Bei der ersten Art ist meistens das Flöz gut gegen die Zuführung der Kohlensäure im Liegenden und Hangenden durch Schichttone abgedichtet, und nur an den Spalten entstehen die Ausbrüche. Die zweite Art der Ausbrüche tritt überall im Flöz auf, und hier ist die Ursache wohl darin zu sehen, daß das Flöz für die Kohlensäure sehr gut vom Hangenden und Liegenden erreichbar ist, sei es durch Konglomerate, Sandstein, sandige Tone oder durch Schieferton oder Ton, der so stark geklüftet und verworfen ist, daß die Kohlensäure trotzdem an das Flöz herankommt.
>
> Weiter ist das schon oft betonte Auftreten von Wasser auffällig. Es zeigt sich nach obigen Aufschlüssen, daß an vielen Stellen, wo Ausbrüche stattgefunden haben, eine Wasserführung des Hangenden und Liegenden feststellbar ist, daß aber an keiner ausbruchsfreien Stelle Wasser gefunden wurde. Dieser Befund läßt sich jedoch nicht als positives Anzeichen für eine CO_2-Führung deuten, sondern kann nach den bisherigen

[1]) Herr Prof. Dr. v. BUBNOFF machte mich gelegentlich auf diese wertvolle Arbeit aufmerksam, deren Auszug ich nachträglich in meine Abhandlung einfügte. Ich möchte nicht verfehlen, Herrn Prof. Dr. v. BUBNOFF für diesen Hinweis hiermit meinen besten Dank auszudrücken.

[2]) Z. B. H. S.-Wesen 1935 (Bd. 83), S. 47 ff.

Erfahrungen nur von zusätzlicher Bedeutung für die Beurteilung sein. Das gleiche gilt für das Auftreten von Kalkspatbestegen auf den Klüften. Diese wurden an Stellen beobachtet, wo Ausbrüche stattfanden."

Von besonderer Bedeutung ist die Beobachtung, die beim Vortrieb der im Antonflöz aufgefahrenen Grundstrecke der 4. Sohle gegen Süden gemacht wurde. Dort erfolgte ein Ausbruch. Nach 7jährigem Stocken begann man die Strecke weiter nach Süden vorzutreiben, und schon bei den nächsten zwei Feldern zeigten sich neue Ausbrüche. Bei dieser Sachlage ist es unmöglich, daß die in der Kohle enthaltene CO_2 — wie nachfolgend noch erläutert wird — einen *aktiven* Gasdruck gehabt haben kann, da der Gasdruck anderenfalls die höchstens etwa 1 m starke anstehende, fast kohäsionslose Kohlenwand längst hereingedrückt haben müßte, auch wenn man nur einen aktiven Gasdruck von wenigen at annehmen wollte. Dr. HERRMANN hat aber Gasdrücke bei aktiv gewordenen Gaseinschlüssen in der Größenordnung von $\sim$ 50 at festgestellt. HÖHNE nimmt zwar an, daß die Kohle in der Lagerstätte fest eingeschlossen war und daß man wohl beim Vortrieb Verwerfungen angefahren hatte, an denen die CO_2-Zirkulation besonders stark war. Gewiß kann die zerdrückte Feinkohle nach längerer Lagerung unter Druck eine gewisse Konsistenz erlangen, die man u. a. auch beim Versand von Braunkohlenstaub oft feststellen kann. Aber die Kohäsion der Steinkohlen wird nach VATER[1]) mit steigender Gasadsorption herabgesetzt, da die molekularen Nahkräfte durch die Adsorption der CO_2 an die Kolloidoberflächen entsprechend gebunden werden und der Kohäsion verlorengehen. Bei Versuchen, die auf der Königin-Luisen-Grube durchgeführt wurden, genügte der in der über Tage untersuchten frischen Förderkohle vorhandene geringe Gasgehalt, um die Druckfestigkeit von anfangs 39 kg/cm² nach entsprechender Gasausströmung auf 56 kg/cm² zu erhöhen.

Die Bedeutung der Kohäsion auf die Ausbruchsgefahr wird deutlich durch den Unterschied des Verhaltens der Kohle und des CO_2-ausbruchsgefährlichen Salzes der Werragegend. Während JUNGHANS[2]) ausdrücklich feststellt, daß nach den Erfahrungen im *Salzwerk* Menzengraben Ausbrüche *durch Bohrarbeit* bisher *nie* ausgelöst wurden, sind im Watbrzycher (Waldenburger) *Steinkohlenrevier* durch Bohrarbeiten *wiederholt* Gasausbrüche entstanden.

In einem Fall[3]) schoß das Ausbruchsgut als scharfer Strahl aus der Lochmündung hervor. Das Ausbruchsgut soll so ausgesehen haben, als sei Feinkohle mit Wasser angerührt zum Aufschlagspunkt hingespritzt und dort getrocknet. Die Merkmale sprechen nach HERRMANN dafür, daß die der Kohle beigemischte CO_2 bereits im Bohrloch flüssig war.

Aus diesen Beobachtungen geht hervor, daß das ausbruchsgefährliche Gebirge nicht nur eine zu geringe Kohäsion hat, um dem etwa auftretenden aktiven Gasdruck einen ausreichenden Widerstand entgegenzusetzen. Es folgt weiter, daß der Ausbruch eines gewissen Impulses bedarf, der um so stärker sein muß, je größer die Kohäsion des ausbruchsgefährlichen Gebirges ist. Es folgt nun aus einer Beobachtung, die gelegentlich der Ausbrüche beim Auffahren einer Grundstrecke der Rubengrube gemacht wurde, daß das bei den Ausbrüchen wirksame Gas während des Ruhezustandes keinen wirksamen aktiven Druck äußert. Aus der von Dr. HERRMANN veröffentlichten Abb. 1 ergibt sich, daß am 4. 4. 1916 (Abb. 1 unten rechts) ein kleiner Ausbruch erfolgte. Zwischen dem Ausbruchsraum und der Störung stand keine Kohle mehr an. Man hat dann erst am 11. 1. 1918, also *nach rund 2 Jahren*, den Streckenbetrieb wieder aufgenommen, der sofort zu einem Ausbruch führte, so daß die Arbeit bis Ende

[1]) VATER: Studien über die Adsorption von Gasen durch Kohle. Dissertation Dresden 1910.

[2]) Bergbau und Technik, 3. Jg., Heft 9 (1953), S. 457. Dr. Ing. R. JUNGHANS: Der schwere CO_2-Ausbruch auf der Schachtanlage Menzengraben des VEB Kaliwerk Heiligenroda vom 7. Juli 1953, seine Ursachen und seine Folgen.

[3]) Z. B. H. S.-Wesen 1930, S. 139.

Januar eingestellt wurde und am 30. 1. 1918 ein dritter Ausbruch erfolgte. Ein vierter Ausbruch trat am 5. 2. 1918 und ein fünfter am 4. 3. 1918 ein. Alle diese Gasausbrüche hängen unmittelbar zusammen. Auffallend ist ein stehengebliebener kleiner Kohlenpfeiler, der ringsum von den Ausbrüchen umgeben ist.

Hätte hier ein aktiver Gasdruck in der Kohle geherrscht, so hätte der Ausbruch sogleich im vollen Umfange erfolgen, mindestens bei den Ausräumungsarbeiten wieder eintreten müssen. Wenn trotzdem die Ausbrüche innerhalb des höchstgefährdeten Gebietes — es liegt zwischen zwei in geringem Abstande etwa parallel streichenden Störungen — immer wieder

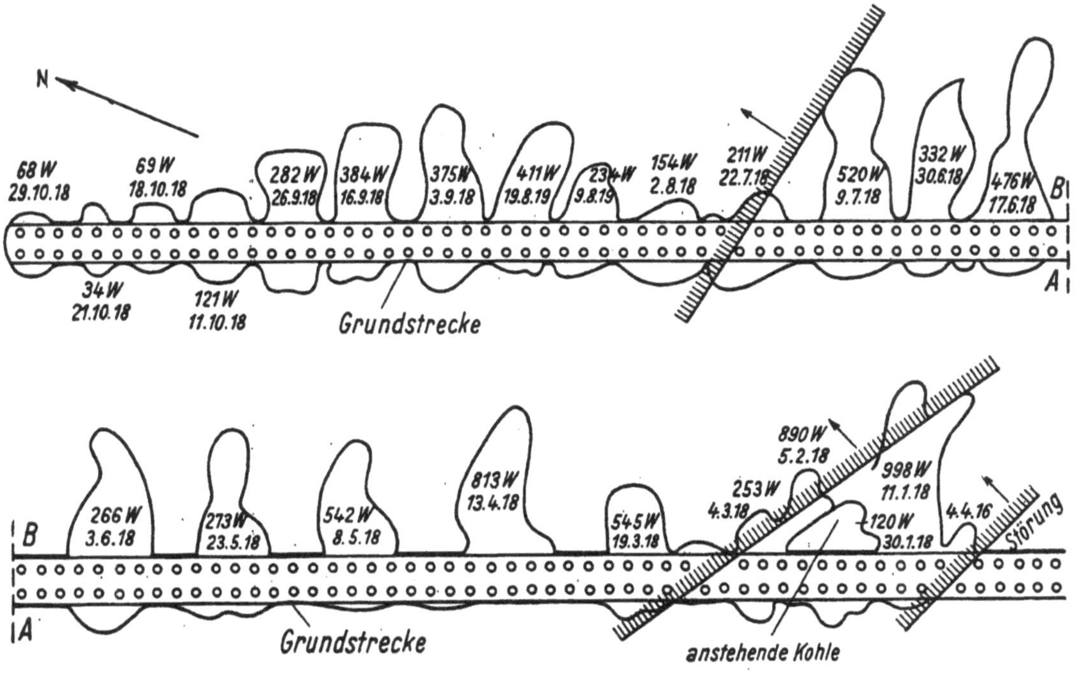

Abb. 1. CO_2-Ausbrüche in Strecken

Erklärung: W Entspricht der bei einem CO_2-Ausbruch ausgeworfenen Kohlenmenge ausgedrückt in Förderungen. Die Tagesangaben beziehen sich auf das Datum der erfolgten CO_2-Ausbrüche.

zur Ruhe kamen, um sich erst beim nächsten wirksamen Impuls zu wiederholen, so kann eine einwandfreie Begründung der Vorgänge nur von der Annahme ausgehen, daß die zu Feinkohle zerfallene Kohle durch die freigewordenen Gase in die Strecke vorgedrängt wurde, hier aber einen Widerstand erzeugte, der mit der Länge der durch die Feinstkohle ausgefüllten Strecke schnell zunahm. Dieser Widerstand äußerte sich auch rückwärts gegen die jeweils in Zerfall begriffene Ausbruchswand und dämpfte die hier durch den Ausbruch stets erneuerten Energien. Erreichte der Widerstand diese Energien, so kam der Ausbruch zur Ruhe. Es ist naheliegend, daß ein Gasaustritt in einer Übergangszone vor der Beendigung des Ausbruches ermöglicht wurde, wobei die anliegende Staubmasse aber den Zerfall der Kohle hinderte. Nach dem Ausräumen trat daher der nächste Ausbruch erfahrungsgemäß erst ein, nachdem etwa 3—5 m Strecke neu aufgefahren waren, also die vorentgaste Zone durchörtert war. Mit dieser Entlastungszone erklärt sich wohl auch das Stehenbleiben des als „anstehende Kohle" bezeichneten Kohlepfeilers, der völlig von Ausbruchsräumen umgeben ist. Es ist kaum anzunehmen, daß diese Kohle fester war als die umgebende. Wohl aber würde die Feststellung die Erkenntnis bestätigen, daß die Kohäsion der Kohle durch Entgasung erhöht wird.

Aus diesen Feststellungen folgt:

1. Die Kohäsion ausbruchsgefährlicher Kohle oder Gebirgsmassen ist zu gering, um dem freien aktiven Druck des in den Kapillaren eingeschlossenen Gases ausreichenden Widerstand zu bieten.
2. Das in ausbruchsgefährlichen Gebirgen enthaltene Gas ist offenbar adsorptiv und kapillar gebunden; es bedarf zu seiner Wirksamkeit eines Impulses, der um so stärker sein muß, je stärker die Kohäsion ist. Ferner ergibt sich:
3. Ist die Kohäsion des ausbruchsgefährlichen Gebirges geringer als die beim Ausbruch an der Ausbruchswand freiwerdenden Energien, so muß der Ausbruch als Kettenreaktion in das Gebirge vordringen, bis entweder eine ausreichend feste Zone erreicht wird oder eine Hemmung durch andere Widerstände erfolgt.

I. b) Die kapillare Gasbindung

Die Bedeutung der kapillaren Gasbindung in der Kohle wird durch eine Beobachtung sehr stark unterstrichen, über die HERRMANN[1]) berichtet mit den Worten: „Es ist eine auffallende Tatsache, daß *CO_2-Ausbrüche* fast *ausnahmslos* erst ab einer gewissen Teufe auftreten, *obwohl* in den darüberliegenden Feldesteilen oft *Entgasungen* beobachtet werden, die *mindestens* so kräftig waren wie in der Gefahrenzone." An anderer Stelle wird die kritische Teufe für das Watbrzycher (Waldenburger) Revier mit etwa 200—250 m angegeben. Es ist einleuchtend, daß genügend enge Kapillaren erst bei einer entsprechenden Auflast auftreten, die für Waldenburger Kohle demnach bei rund 250 m Deckgebirgsmächtigkeit liegt. Bei geringerer Auflast ist in der Kohle kein kapillar gebundenes und feinverteiltes Gas in genügender Menge vorhanden, das beim Ausbruch einen Zerfall der Kohle bewirken könnte. Es kommt bei geringeren Teufen nur das Ausströmen des freien, nicht kapillar gebundenen Gases in Frage. Zudem hat nach HERRMANN der Betriebsmann stets den Eindruck gehabt, daß gute, d. h. feste aschenarme und poröse Kohlen erheblich mehr Gas geben als „minderwertige" (also ausbruchsgefährliche).

Aus Abb. 1 geht hervor, daß die Entgasungsmöglichkeit der ausbruchsgefährlichen Kohle infolge der Zerwalzung durch tektonische Vorgänge außerordentlich gering ist. Diese Eigenschaft steht im scheinbaren Gegensatz zu den Versuchen von RUFF[2]), bei welchen zerdrückte und wieder eingepreßte Kohle eine höhere Entgasungsgeschwindigkeit aufweist. Die Differenz der Laboratoriumsergebnisse von dem Verhalten der in der Natur anstehenden Kohle ist meines Erachtens darauf zurückzuführen, daß die tektonischen Druckwirkungen sich auf geologische Zeiträume erstreckten, die den Laboratoriumsversuchen auch nicht annähernd zur Verfügung stehen. Im Laboratorium lassen sich auch bei höheren Drücken, als sie den natürlichen Druckvorgängen unterstellt werden, nie die in der Natur, d. h. die bei geologischen Vorgängen erreichten Verdichtungen erzielen. In meiner Veröffentlichung „Neuere Erkenntnisse auf dem Gebiete der bergmännischen Gebirgsmechanik" habe ich auf Seite 39 f. nachdrücklich darauf hingewiesen, daß die Molekularverdichtung einen erheblichen *Zeit-* und Kraftaufwand erfordert. Hierfür dürfte das plastische Verhalten des Materials bei Einwirkungen, die sich über viele Millionen von Jahren erstrecken, mit maßgebend sein.

Diese Diskrepanz besteht auch zwischen dem im Laboratorium festgestellten und tatsächlich vorhandenen Porenvolumen. Auch hier muß sich ein Unterschied zwischen der durch Einpressung im Laboratorium erzielbaren Gasaufnahmefähigkeit eines Kohlekörpers gegenüber der in der Natur in geologischen Zeiten erreichten Gasaufnahme ergeben. Das gilt insbesondere für die Kolloidkapillaren. Nach den Versuchen von RUFF werden von den Poren

[1]) Z. B. H. S.-Wesen 1932, S. 140.

[2]) Z. B. H. S.-Wesen 1927. RUFF: Die chemischen und physikalischen Vorgänge bei Gasausbrüchen.

der Kohle selbst bei 10 at Gasdruck und 21° C nur rund 0,6 m^3 aufgenommen. „Chemisch gebunden“[1]) werden 13,7 m^3 und insgesamt aufgenommen 14,3 m^3 Gas je Tonne Kohle. Durch die Analysierung des Wetterstroms hat man jedoch für die Wenzeslausgrube je Tonne Förderung 18,5 m^3 und für die Rubengrube etwa 20 m^3 entgaste CO_2 errechnet[2]). Nach den von HERRMANN[3]) aus der Literatur entnommenen Veröffentlichungen betragen die Ausbruchsmengen an CO_2 bei sieben größeren Gasausbrüchen in Śląsk (Schlesien) und Frankreich im Durchschnitt 33 m^3/t Ausbruchskohle. Auch die sylvinitischen Kalisalze des Werra—Fulda-Gebietes enthalten nach den bei schweren CO_2-Ausbrüchen gemachten Erfahrungen weit über 17 m^3 CO_2 je m^3 anstehendes Salz.

Die Wirkung der Adsorptions- und Absorptionskräfte wird zweckmäßig, um Mißverständnissen vorzubeugen, nachfolgend in der von mir vertretenen Form erörtert[4]).

In der Abb. 2 sind die durch Adsorption und durch Kapillarwirkung verursachten Bedingungen für die Bindung von Wasser in einem Kohlen-Korngemisch dargestellt.

Die Oberfläche des einzelnen Korns wird von einer Adsorptionsschicht bedeckt, deren Stärke etwa 1,0 Å beträgt und die mit sehr großer molekularer Kraft festgehalten wird.

Über der Adsorptionsschicht befindet sich eine Haftschicht, deren Haftung mit zunehmendem Abstand von der Oberfläche des Festkörpers abnimmt.

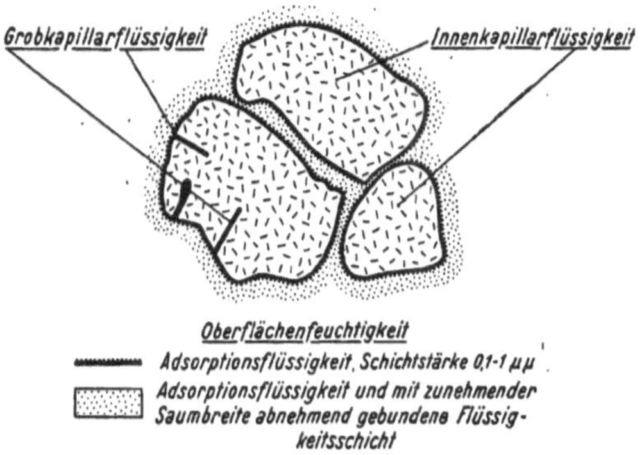

Abb. 2. Bindung des Wassers in einem Korngemisch

Die molekulare Bindung der über der ersten adsorptiv gebundenen Schicht folgenden Schichten nimmt im etwa quadratischen Verhältnis zum Abstand von der Kornoberfläche ab.

An den Berührungsstellen zwischen zwei Körnern ist das Wasser als Zwischenkapillarwasser durch die hier auftretenden Kapillarkräfte gebunden (Berührungs- oder Zwischenkapillaren). Die Stärke dieser Bindung nimmt aus den oben genannten Gründen ab mit zunehmendem Abstand der Kornwandungen und wird in Zwischenräumen, deren Weite ein gewisses Maß überschreitet, völlig unwirksam. Das nicht mehr gebundene Wasser kann frei, dem Gesetz der Schwere oder Druckgefällen folgend, durch das Korngemisch hindurchströmen. Immerhin wird eine Flüssigkeit in wesentlich weiteren Zwischenräumen kapillar gebunden, als es bei Gasen der Fall ist, da erstere durch ihre Zähigkeit die molekularen Nahkräfte unterstützen. Außerdem müssen die molekularen Nahkräfte bei der adsorptiven und kapillaren Bindung von Gasen deren Expansionsbestreben überwinden, so daß deren Wirkung auf Gase sehr enge Kapillarräume voraussetzt.

Zwischen den Micellen bzw. den Teilchen von kolloidaler Größe, aus denen sich die Fett- und Gaskohle zusammensetzt, sind offenbar Gasmassen adsorptiv bzw. kapillar gebunden.

In Abb. 3 sind die Raumverhältnisse der Kolloidkapillaren bzw. der Micellen zu ihren Zwischenräumen nach AGDE dargestellt.

In der Lyosphäre befindet sich bei gashaltigem Gebirge die adsorptiv gebundene elastische Flüssigkeit. Bei den Steinkohlen handelt es sich um CH_4 oder CO_2.

Durch die Adsorption werden in der Steinkohle Gasmoleküle an den Oberflächenmolekülen der Micellen streng monomolekular orientiert, und zwar in einer Schichtstärke von einigen

---

[1]) Wahrscheinlich sind hierunter die adsorptiv gebundenen Gase zu verstehen.

[2]) Z. B. H. S.-Wesen 1927. WERNER RADEMACHER u. a.: Untersuchungen über die Entstehung und Bekämpfung der CO_2-Ausbrüche im niederschlesischen Steinkohlenbergbau.

[3]) Z. B. H. S.-Wesen 1932, S. 139.

[4]) KEGEL: Bergmännische Gebirgsmechanik. II. Aufl., S. 142 ff. Verlag W. Knapp, 1950.

Ångströmeinheiten (10^{-8} cm). Sie sind zugleich stark verdichtet. An diese schließen sich etwa 10—30 weitere, immer weniger orientierte und verdichtete Gasschichten an (Lyosphäre), bis schließlich die Wirkung der molekularen Nahkräfte aufhört. Die Wirkung der molekularen Oberflächenkräfte der Micellen auf adsorbierte Gase ist also gleichartig mit der Wirkung auf adsorbiertes Wasser. Es kommt nur die Verdichtung der adsorbierten Gase hinzu. Die Verdichtung der unmittelbar an der Oberfläche der Micellen gebundenen Gasschichten ist sehr hoch, so daß auch die Verdichtung der Gase in den Berührungszwischenräumen zwischen zwei Micellen und in den Kapillarweitungen, die da entstehen, wo drei oder mehr Micellen aneinanderstoßen, sehr hoch ist.

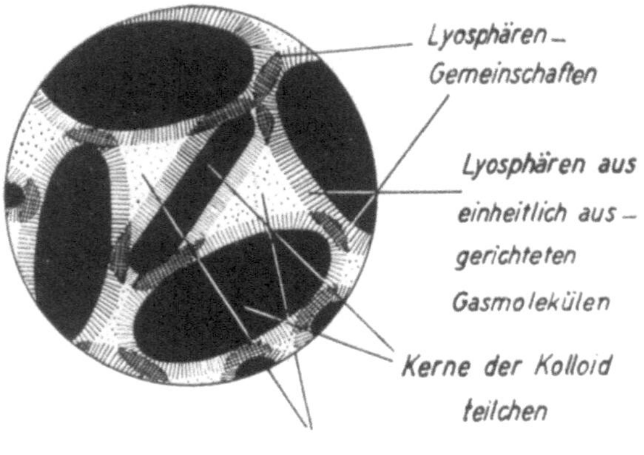

Abb. 3. Schematische Darstellung eines offenen Kapillargels

Man kann bei der adsorptiven Bindung davon ausgehen, daß 1 m³ Material n m³ Gas von Normaldruck und Normaltemperatur in monomolekularen oder unbekannt dickeren Schichten bindet. Bei einem Porenraum von p % müßte das Gas, wenn es nicht adsorbiert wäre und mithin der Druck nicht verschwunden wäre, einen durchschnittlichen Druck von $n : \frac{p}{100}$ at bei Gültigkeit der idealen Gasgleichung haben. Für CO_2 gilt die van der Waalsche Gleichung. Daher ist die Aufstellung der Gleichung hier komplizierter.

Durch die adsorptive Bindung der Gase bzw. des Wassers in den Berührungszwischenräumen wird ein entsprechender Teil der an der Oberfläche der Micellen vorhandenen freien molekularen Nahkräfte gebunden. Der andere Teil dieser molekularen Nahkräfte wirkt durch die trennende Gas- bzw. Wasserschicht hindurch auf die gegenüberliegenden Micellen als Kohäsionskraft. Es folgt aus dieser Überlegung, daß durch die adsorptive Bindung einer elastischen oder tropfbaren Flüssigkeit nicht nur die Micellen mehr oder weniger voneinander getrennt, sondern auch ihre gegenseitigen Kohäsionskräfte gemindert werden.

Zwischen den Kohäsionskräften und den Adsorptivkräften der Micellenoberflächen besteht offenbar ein Kräftegleichgewichtsbestreben, wobei im einzelnen Falle das Verhältnis beider Kräftearten durch die chemisch-physikalischen Eigenschaften der Festkörper und der Flüssigkeiten sowie von der Temperatur bedingt werden. Diese Folgeerscheinung wurde bereits von Vater[1]) festgestellt.

Für die Bindung von Wasser ist also die Netzbarkeit des Festkörpers mit Wasser von Bedeutung. Sofern keine äußeren Kräfte hinzukommen, ist die Stärke des zwischen den Micellen in den Berührungszwischenräumen (Berührungskapillaren) gebundenen Wasserfilms bei bestimmter Temperatur für bestimmte Stoffe durch deren Netzfähigkeit bestimmt. Wird die Netzfähigkeit durch Änderung der Temperatur herabgesetzt, so wird der Film entsprechend schwächer. Dasselbe kann eintreten, wenn durch Änderung der Temperatur die Zähigkeit des Wassers herabgesetzt wird. Auch dann erhalten die Kohäsionskräfte ein entsprechendes Übergewicht, so daß die Wasserfilme schwächer werden. Auf diesen Vorgängen beruht u. a. das Fleißner-Verfahren zur Trocknung von Braunkohlen.

Eine Beeinflussung der Wasserfilmstärke in den Berührungskapillaren tritt ebenfalls ein durch Belastung, also z. B. durch den Schweredruck des Deckgebirges. Die Lagerungsdichte

[1]) Vater: Studien über die Adsorption von Gasen durch Kohle. Dissertation Dresden 1910.

eines anstehenden Tones bestimmter Qualität nimmt unter sonst gleichen Bedingungen mit dem Überlagerungsgewicht zu; sein Wassergehalt ist entsprechend geringer. Bringt man diesen Ton an die Tagesoberfläche, so daß er keinem Überlagerungsdruck mehr ausgesetzt ist und läßt man Wasser auf ihn einwirken, so saugt er hiervon an, bis das oben erwähnte Kräftegleichgewicht hergestellt ist. Die Abstände der kolloiden Tonteilchen nehmen entsprechend zu, der Ton quillt. Sobald ein solcher gequollener Ton wieder stark belastet wird, wird ein entsprechender Teil des kapillar gebundenen Wassers ausgepreßt, bis das dem erhöhten Druck entsprechende Kräftegleichgewicht hergestellt ist. Die neue Gleichgewichtslage ist dadurch bedingt, daß die Kohäsionskräfte durch den Auflagedruck unterstützt werden, während die Adsorptionskräfte unverändert bleiben. Es ist jedoch zu beachten, daß dem Wasseraustritt wie auch dem Wassereintritt die Durchflußwiderstände gegenüberstehen, die durch die Reibungswiderstände und Zähigkeit der Flüssigkeit bewirkt werden, und daß auch die Adsorptions- und Kapillarkräfte in Betracht kommen, also die auf das gebundene Wasser einwirkenden Molekularkräfte. Bei der Entlastung wirken dieselben Molekularkräfte beschleunigend auf den Wassereintritt. Damit erklärt sich die bekannte Erscheinung, daß die Quellung eines Tones wesentlich schneller erfolgt als dessen Verdichtung unter dem entsprechenden Druck.

Diese Vorgänge dürften auch den Quellungserscheinungen des hangenden Nebengebirges teilweise zugrunde liegen, die sich infolge des Abbaues häufig geltend machen. Die Wiederverdichtung dieser Schichten wird außer von der Formänderungsarbeit auch durch die Gegenwirkung der molekularen Nahkräfte, die sich dem gegenseitigen Verengen der Lyosphären an den Berührungsstellen entgegensetzen, stark verzögert. Hierauf ist die langdauernde Verminderung der Gebirgsspannung in alten Abbaugebieten zurückzuführen. Beispielsweise konnte eine solche Druckverminderung beim Abbau des Marie-Flözes auf der Gräfin-Johanna-Schachtanlage bei Bobrek noch rund 10 Jahre nach dem Abbau des ungefähr 80 m tiefer liegenden Einsiedelflözes festgestellt werden.

Diese Feststellungen zeigen, daß aus wassergesättigten Gebirgskörpern, dessen Wasser restlos kapillar gebunden ist, durch Zusammenpressung, also bei Belastungszunahme, Wasser ausgepreßt wird, während es bei der Entlastung in das Gebirge eingezogen wird.

Es ist bereits darauf hingewiesen, daß die Wirkung der molekularen Oberflächenkräfte der Micellen auf adsorptierte Gase in gewissem Umfang gleichartig mit der Wirkung auf adsorbiertes Wasser ist. Es kommt jedoch die Verdichtung der adsorbierten Gase hinzu. Diese Verdichtung der Gase durch die molekularen Nahkräfte bringt eine grundsätzliche Änderung hinsichtlich der Gasaufnahme und Gasabgabe bei der Entlastung bzw. Belastung des Gebirges hervor.

Die Verdichtung der Gase in den Berührungskapillaren und in den Kapillarweitungen erfolgt durch die molekularen Nahkräfte der Micellenoberflächen, die gewissermaßen entsprechende Zugkräfte auf die benachbarten Gasmoleküle ausüben. Infolgedessen fällt auch für die angezogenen und verdichteten Gase die Möglichkeit einer Rückexpansion weg, solange sie den Wirkungen der molekularen Nahkräfte unterliegen. Ihre Brownschen Bewegungen werden gehemmt und müssen sich denen der Moleküle der Festkörper (Micellen) anpassen. Nach Quinke[1]) kann Glas durch eine aufgelegte Silberschicht bis zu ungefähr 0,2 μ Stärke den Kontaktwinkel (Randwinkel) zwischen Silber und der freien Wasseroberfläche beeinflussen. Terzaghi beobachtete ferner, daß die an einem Uhrdeckelglas anhaftenden Schlammteilchen von 2—3 μ Korngröße keine Brownschen Bewegungen mehr zeigten, also durch die molekularen Anziehungskräfte der Glasoberfläche zugleich mit dem Dispersionsmittel gebunden wurden.

Da die Rückexpansion der adsorptiv bzw. kapillar gebundenen Gase entfällt, können die Gase keinen Expansionsdruck auf die Wandungen der Zwischenräume, also der Zwischen-

[1]) Vgl. Terzaghi: Erdbaumechanik, S. 65. Leipzig, Franz Deuticke.

kapillaren als auch derjenigen der Kapillarweiten, ausüben. Daher soll der durch die molekularen Anziehungskräfte bewirkte Gasdruck als „*latenter*“ Druck bezeichnet werden, im Gegensatz zu dem freien, durch Zusammenpressung bewirkten Gasdruck, der einen „*aktiven*“ Expansionsdruck auf die umgebenden Wandungen ausübt.

Aus dieser Überlegung folgt, daß in den Berührungszwischenräumen (Berührungskapillaren) und in den Kapillarweitungen eines kolloiden Kohlenkörpers Gas unmittelbar auf den Oberflächen der Micellen in dünner Schicht von einigen Angström Stärke (ungefähr 5—10 Å), unter sehr hohem latenten Druck adsorptiv gebunden ist. Auch in den sehr engen Berührungskapillaren herrscht ein sehr hoher latenter Druck. In den an den Berührungsstellen von drei oder mehr Micellen entstehenden Kapillarweitungen ist zwar der latente Gasdruck erheblich niedriger, da er im umgekehrt quadratischen Verhältnis zum Abstand der Micellenoberflächen wächst. Dieser latente Druck wird aber bei genügender Enge der Kapillarweitungen wahrscheinlich noch einige hundert at betragen. Bei genügender Kleinheit der Micellen sind auch die Kapillarweitungen noch so eng, daß hier die Lyosphären der umlagernden Micellen übereinandergreifen. Im Bereich der Lyosphärengemeinschaften ist der latente Gasdruck infolge der Zusammenwirkung der molekularen Nahkräfte, die von den verschiedenen Seitenwänden ausgehen, verhältnismäßig hoch. Die Verdichtung wächst auch hier im umgekehrt quadratischen Verhältnis zu den Raumweiten.

Der Abstand kolloidaler Festkörper bzw. Micellen eines Kohlenkörpers an ihren Berührungsstellen wird, wie bereits erwähnt, durch das gegenseitige Verhältnis der Kohäsionskräfte der Micellen zueinander und der Adsorptivkräfte der Gase zu den Oberflächen der Micellen bedingt, solange keine sonstigen Kräfte hinzutreten. Es war auch schon darauf hingewiesen, daß die Berührungskapillaren und damit auch die Kapillarweitungen eines anstehenden Gebirgskörpers durch den Auflagedruck verengt werden, bis wieder ein Kräftegleichgewicht zwischen den Adsorptivkräften und den durch den Auflagedruck verstärkten Kohäsionskräften herbeigeführt ist. Findet durch den Abbau eine Entlastung statt, so quellen die Berührungskapillaren wieder entsprechend an. Die Kapillarweitungen werden dadurch auch entsprechend größer, der Kohlenkörper dehnt sich aus.

Der Abstand der Micellen, also die Breite der Berührungskapillaren, ist in erster Linie, wie bereits angeführt wurde, durch die molekularen elastischen Nahkräfte bedingt, ebenso die Abstandsänderung infolge von Druckänderung, wie Belastung oder Entlastung. Daraus ergibt sich, daß die Wirkung dieser Abstandsänderung auf die relative Raumänderung der Kapillarweitungen um so größer wird, je kleiner die Micellen, also auch die Kapillarweitungen sind. Bei gleicher absoluter Breitenzunahme der Berührungskapillaren können z. B. die Kapillarweitungen zwischen feinstkörnigen Micellen auf die doppelte Raumgröße wachsen, während die Kapillarweitungen, d. h. die Hohlräume zwischen Grobsandkörnern, nur unmeßbar geringe, verhältnismäßige Raumzunahme zeigen würden. Von ausschlaggebender Bedeutung ist für die Möglichkeit einer Volumendehnung entlasteter Gebirgsmassen die Stärke der in ihnen vorhandenen Rest-Elastizität. Bei sehr plastischen Salzen können diese Kräfte fast wirkungslos sein. Für die Kohle ist die Feststellung von VAN KREVELEN wichtig, nach welcher der Elastizitätsmodul [die Mikrohärte[1])] bis $\sim$ 82% C-Gehalt auf rund 42 MH ansteigt, dann bei 90% C-Gehalt auf $\sim$ 28 MH fällt und von 92% C-Gehalt steil ansteigt. Fettkohle hat also einen beachtlichen Mikroelastizitätsmodul.

Unter der Voraussetzung, daß die molekularen Nahkräfte im umgekehrt quadratischen Verhältnis zur Kapillarweite zu- bzw. abnehmen, ist der latente Kapillardruck der Gase in den engen Kapillaren von der Weite I (s. Abb. 4) sehr hoch und fällt mit zunehmender Kapillarweite entsprechend etwa der Linie a—b—c—d—e der Abb. 4 ab.

[1]) Vgl. Anm. S. 6.

Unterstellt man nun, daß die Kapillarweite einer Kohle bei ihrer Druckentlastung von der Größe I auf die Größe II, also auf die doppelte Weite, zunimmt, so würde die latente Gasbindung von a auf b, d. h. auf ein Viertel der ursprünglichen Höhe, sinken. Bei einem Breitenwachstum der Kapillaren von III auf IV, also um ein Drittel, würde die latente Gasdruckbindung von c auf d, also wie ∾ 1,6 : 1 oder rund 0,625fache, fallen. Im ersten Falle bei sehr feinkörnigem Micellenaufbau des Kohlenkörpers sinkt also bei gleichen absoluten Breiten und Breitenänderungen der Berührungskapillaren der latente Gasdruck in den Kapillarweitungen relativ viel stärker als bei einem grobkörnigen Micellenaufbau.

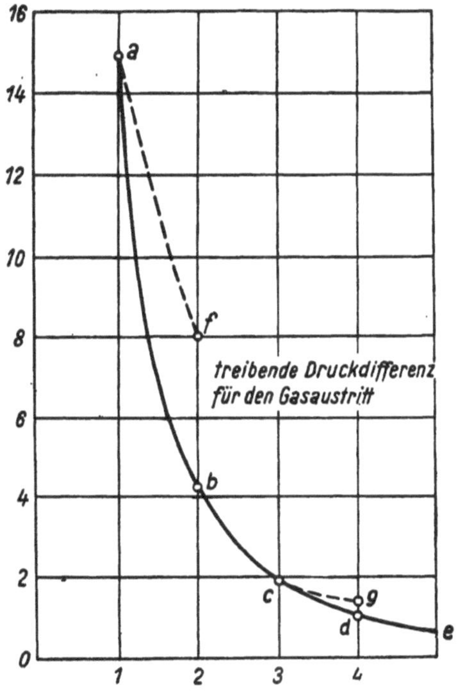

Abb. 4. Druckabfall der latenten (untere Kurve) und der freien Gasspannung (obere Kurve) bei Ausdehnung der Kohle infolge Druckentlastung

Von Bedeutung ist nun der Umstand, daß der durch die molekularen Nahkräfte bedingte latente Kapillardruck im umgekehrt quadratischen Verhältnis zu den Raumwandungsabständen wächst, während der Expansionsdruck der freien Gasspannung im umgekehrt linearen Verhältnis zum Rauminhalt wächst. Stände also das Gas in den Kapillarweiten I unter dem freien Druck a, so würde der Gasdruck bei der Dehnung auf die Weite II infolge isothermer Expansion nur auf die Höhe f fallen. Die dem Höhenunterschied b—f entsprechende Gasmenge wird nicht mehr molekular-kapillar gebunden und kann abströmen sowie einen aktiven Gasdruck äußern. Sinngemäß ergibt sich für Kapillaren von der Anfangsweite III bei ihrer Dehnung auf die Weite IV ein freiwerdender Gasanteil d—g, wobei unterstellt ist, daß die absolute Breitenzunahme der Kapillarweiten in beiden Fällen einander gleich ist.

Grundsätzlich folgt daraus, daß der Druck, unter welchem absorbiertes Gas in den Kapillaren der anstehenden Kohle durch die molekularen Nahkräfte aufgespeichert werden kann, und die relative Gasmenge, die bei einer bestimmten linearen Zunahme der Kapillarweiten wieder frei wird, in einem umgekehrten Verhältnis zur ursprünglichen Kapillarweite wächst. Berücksichtigt man nun, daß der Gesamtraum der engen Kapillaren einer engporösen, dichten, aus sehr feinkörnigen Micellen bestehenden Kohle ebenso groß ist als derjenige der weiten Kapillaren einer weitporösen Kohle mit grobem Kolloidkorn, sofern die Formen der Kolloide bzw. Micellen einander ähnlich sind, so folgt, daß die dichtesten Kohlen die hauptsächlichsten Träger des Grubengases sind. Diese Folgerung steht mit den Erfahrungstatsachen im Einklang.

Aus den vorstehenden Ausführungen ergibt sich, daß bei wassergesättigtem Gebirge durch Zusammenpressung ein Austreten des Wassers erzwungen wird, während dasselbe Gebirge bei einer Druckentlastung gegebenenfalls Wasser aufnimmt. Diese Wechselwirkungen sind besonders bei feindispersen Massen, wie bei Tonen, deutlich erkennbar. Dagegen kann eine Fettkohle Gas *nur* bei einer Druckentlastung abgeben und nimmt gegebenenfalls bei einer Belastungszunahme Gas auf, da die latente Verdichtung des Gases bei einer Näherung der Micellenwandungen schneller wächst als die Raumabnahme der Kapillarweitungen. Der aktive Gasdruck des kapillar gebundenen Gases ist also gleich Null. Da CH_4 bei der Inkohlisierung in der Kohle selbst entsteht, so ist natürlich in der Regel mehr CH_4 in der Kohle vorhanden, als kapillar gebunden werden kann. Es ist also in der Fettkohle jederzeit mit einem aktiven Gasdruck zu rechnen. Anders liegt aber der Fall bei der durch kapillare Aufnahme von CO_2 ausbruchgefährlich gewordenen Watbrzycher (Waldenburger) Kohle. Das Ausräumen der in Abb. 1 dargestellten Ausbruchshohlräume wäre wohl unmöglich, wenn die CO_2 hier einen aktiven Gasdruck in der noch anstehenden Kohle ausüben könnte. Aber auch in einer *nicht* ausbruchsgefährlichen Kohle wird der Gasaustritt durch die beim Abbau mit der Entlastung verbundenen Volumenausdehnung bewirkt, mindestens verstärkt. Ebenso kann ein Teil der Gasmengen, die nach der Entlastung noch in der Kohle verblieben sind, durch erneute Belastung des absinkenden Deckgebirges von der erneut verdichteten Kohle kapillar gebunden werden.

Es ist noch der Nachweis zu führen, daß der Gesamtraum der engen Kapillaren einer dichten Kohle ausreicht, um die erfahrungsgemäß oft frei werdenden großen Gasmengen aufzunehmen.

Man kann davon ausgehen, daß die Abmessungen der einzelnen kolloidalen Körper bzw. Micellen, aus denen sich die Kohle zusammensetzt, untereinander annähernd gleich sind. Unterstellt man der Einfachheit halber zunächst kugelförmige Micellen von einander gleichen Durchmessern, so würde der Anteil der Zwischenhohlräume zwischen den Kugeln, gleichgültig, ob es sich um durchweg große oder durchweg kleine Kugeln handelt, etwa 47,64% vom Inhalt des gesamten Haufwerkes betragen, wenn die Kugeln rechtwinklig neben-, vor-, übereinander angeordnet sind, so daß jede Kugel von 6 Kugeln unmittelbar berührt wird. Die engste Lagerung der Kugeln ergibt sich, wenn jede Kugel von 12 Kugeln unmittelbar berührt wird (Dodekaeder-Anordnung). In diesem Falle beträgt der Hohlraumanteil der Zwischenräume 25,95% des Gesamtinhaltes des Haufwerkes.

Sande, die eine mehr oder weniger abgerundete Form haben, weisen in der Regel einen Hohlraumanteil von ungefähr 30—45% auf, wobei dieser Anteil meist umgekehrt zur Korngröße zu- und abnimmt. Die Tone haben stets einen noch größeren Hohlraumanteil. Die Kolloidteilchen der Tone haben eine dünnplattige Gestalt in schuppiger Anordnung.

Da die Verteilung und Anordnung der Kolloidteilchen der Steinkohle etwa derjenigen der Tone und Sande entsprechen dürfte, also mehr oder weniger regellos ist, so folgt, daß auch der Hohlraumanteil der Berührungskapillaren und Kapillarweitungen etwa 30—40% des Raumanteiles der Kohle betragen kann. Es können also erhebliche Gasmengen von diesen Räumen aufgenommen werden.

Geht man von der kapillaren Gasbindung aus, so ergibt sich, daß dem Druck, unter dem das CO_2-Gas angeblich in die Kohle eingepreßt wurde, in der Literatur eine viel zu große Bedeutung beigemessen wurde. Der Einpreßdruck ist für die kapillare Gasbindung belanglos. Hier handelt es sich lediglich um Wirkungen molekularer Nahkräfte. Bei gleicher Auflast werden gegebenenfalls weiche plastische Gebirgsmassen sehr viel engere Kapillaren aufweisen als harte und können im gleichen Teufenhorizont entsprechend mehr Gase binden als letztere. Der Zusammenhang zwischen Teufe und Ausbruchsgefährlichkeit ist also immer relativ.

Die Bedeutung der Kornfeinheit ergibt sich auch aus der Beobachtung, daß man nach HERRMANN Kohlen von ausbruchsgefährlichen Flözen immer durch einfaches Reiben zwischen den Händen zu einem Feinheitsgrade zerkleinern kann, wie er bei den Ausbrüchen anfällt. Da die ausbruchsgefährlichsten Flözteile erfahrungsgemäß, wie bereits erwähnt wurde, an Stellen tektonischer Flözbeanspruchung auftreten, so handelt es sich stets um eine weitgehend zerrüttete und nur wenig durch den Gebirgsdruck wieder verfestigte Kohle.

Will man den Einfluß der Festigkeit der ausbruchsgefährdeten Gebirgsmassen auf ihre Ausbruchsgefahr untersuchen, so geht man zweckmäßig von den Vorgängen bei normalem Sylvinit aus. Der beim Sprengschuß ausgelöste Erschütterungsstoß breitet sich kugelförmig-wellenförmig um seinen Ausgangspunkt aus, so daß seine Energie etwa umgekehrt quadratisch zum Radius der Stoßwelle wächst. Die Energie nimmt also schnell ab. Solange die Stoßenergie hierzu ausreicht, werden die Salzkolloide des anstehenden Salzes in eine schwingende Bewegung versetzt, bei welcher auch die Weiten der Zwischenkapillaren, kurzzeitig, wenn auch im absoluten Sinne nur eine äußerst geringe, aber doch im relativen Sinne erhebliche Zu- und Abnahme erfahren. Da während der Zunahme der Kapillarweite der Gasdruck sofort aktiv wird, werden die Kolloide an der Oberfläche des anstehenden Salzes in diesem Zeitpunkt zerspratzt. Ist nun die Kohäsion des Salzes genügend groß, so kommt der Zerfall an der Stelle zur Ruhe, an welcher die Stoßwellenenergie des Sprengschusses wirkungslos wird. Im anderen Falle reicht aber die beim Zerspratzen der Oberflächenkolloide frei werdende Energie aus, um den Zerfall des Salzes als Kettenreaktion weiterzutragen, bis der Zerfall an ein Gebiet kommt, in welchem die Kohäsion des Salzes ausreicht, um den Zerfall aufzuhalten. Daraus ergibt sich, daß bei der offenbar oft wesentlich geringeren Kohäsion ausbruchsgefährlicher Kohle ein geringer Impuls ausreicht, um den Ausbruch eines freigelegten ausbruchsgefährlichen Flözstückes einzuleiten.

Es ergibt sich also, daß die Bindung der CO_2-Gase in dem anstehenden Gestein eine adsorptive ist. Daraus kann aber weiter gefolgert werden, daß das Gas nicht in das Gestein eingepreßt wurde, sondern daß es sich um Adsorptionsvorgänge handelt, denen geologisch lange Zeiträume zu ihrer Wirkung zur Verfügung standen. Der im Gestein haftende Gasdruck — der, wie eben nachgewiesen wurde, gar nicht aktiv ist — entspricht also nicht dem Druck, unter dem das Gas eingepreßt wurde. Die Adsorption kann auch bei sehr geringen Gasdrücken zu hohen Adsorptionsdrücken führen, wie die Gasverdichtung am Platinschwamm erweist. Wenn also in größeren Teufen ein höherer Gasdruck frei werden sollte, so liegt das nicht am höheren Einpreßdruck, sondern an den stärker wirkenden Molekularkräften in den unter der höheren Auflast engeren Kapillaren des Gesteins.

Mit diesen Feststellungen sind meines Erachtens die von HERRMANN als „brisante Gasausbrüche" gekennzeichneten, vorwiegend in Aus- und Vorrichtungsstrecken auftretenden Ausbrüche hinreichend geklärt. Ich bin der Überzeugung, daß man der Durchlaßfähigkeit der Kohle vielfach eine zu große Bedeutung beigelegt hat. Gewiß kann neben dem adsorptiv und kapillar gebundenen Gas in weiteren Poren der Kohle auch frei bewegliches Gas auftreten. Aber dieses Gas ist zweifellos in der Regel kein Träger der Gasausbrüche. Es kann wohl gelegentlich als Impuls einen Gasausbruch auslösen.

II. a) Gasausbrüche im Steinkohlenbergbau

Im Steinkohlenbergbau kommen vorwiegend Gasausbrüche durch CO_2 in Frage. Im Gardbezirk treten allerdings neben CO_2 auch CH_4-Gase bei den Gasausbrüchen auf. Doch glaube ich annehmen zu dürfen, daß CH_4 hier nicht als Träger der Gasausbrüche auftritt.

Im belgischen Steinkohlenbergbau und auf den ungarischen Gruben bei Resicza sind aber häufig auf CH_4 beruhende Gasausbrüche aufgetreten. Am häufigsten treten in Belgien diese Gasausbrüche in der Fettkohle auf. Es besteht auch hier ein typischer Zusammenhang des Auftretens der Häufigkeit und der Gewalt der Gasausbrüche mit der Teufe und der Tektonik. Während in Watbrzych (Waldenburg) die Gasausbrüche ab 250 m Teufe auftreten (vgl. S. 10), treten sie in Belgien erfahrungsgemäß bei einer Teufe von über 280 m[1]) auf. Die kritische Teufe ist also in beiden Fällen von bemerkenswerter Übereinstimmung. Ebenso sind die Ausbrüche an die Nähe von Verwerfungen, Faltenbiegungen oder Flözverdrückungen gebunden. Auch hier ist die ausbruchsgefährliche Kohle wie in Watbrzych (Waldenburg) zermürbt. Offenbar konnte das in der Kohle enthaltene Gas im Gegensatz zu einer weitverbreiteten, aber völlig irrigen Ansicht, durch die Zerrüttung nicht entweichen, sondern wurde durch die infolge der Zermürbung enger gewordenen Porenräume sofort kapillar-adsorptiv gebunden. Charakteristisch ist auch

[1]) HEISE-HERBST: Bergbau-Kunde. 1. Bd. VI. Auflage. Berlin (Springer) 1906. S. 532—534.

die von HEISE[1]) mitgeteilte Erfahrung, daß die Gasausbrüche beim Abbau weniger folgenschwer zu sein pflegen als in den Streckenbetrieben. Berücksichtigt man, daß die älteren Berichte über die Gasausbrüche aus Zeiten stammen, in denen noch ältere Abbaumethoden gebräuchlich waren und Langfrontbau noch ziemlich unbekannt war, so ergibt sich unschwer ein grundsätzlich gleichartiges Verhalten der CH_4-Gasausbrüche in Belgien mit den CO_2-Gasausbrüchen in Watbrzych (Waldenburg).

Um von der Gewalt solcher Vorkommnisse ein Bild zu geben, möge die von HEISE[2]) nach DEMANET[3]) gegebene Schilderung des Gasausbruches von der Grube Agrappe bei Frameries folgen:

> „Dieser Ausbruch, der 132 Opfer (121 Tote und 11 Verletzte) forderte, erfolgte 610 m unter Tage in einem Aufhauen. Die entwickelte Gasmenge war so ungeheuer groß, daß der Gasstrom fast augenblicklich sowohl den Förderschacht als auch die Schachtkaue erfüllte. Hier entzündete sich das Gas an einem Feuer, und 14 Personen wurden über Tage verbrannt, wovon drei starben. Nun entzündete das Gas den Förderturm, und es loderte $2^1/_4$ Stunden lang ununterbrochen eine gigantische Feuersäule von 50 m Höhe aus dem Schachte heraus zum Himmel, die 10 km weit zu sehen war. Als die Gasentwicklung schließlich aufhörte, schlug die Flamme in die Grube zurück und veranlaßte unter Tage eine Reihe von Schlagwetterexplosionen auch in denjenigen Grubenteilen, die bisher noch verschont geblieben waren. Die Schlagwettermenge, die sich bei diesem Gasausbruche entwickelt hat, ist auf 500 000 m^3 berechnet worden."

Der wichtigste Unterschied zwischen dem Auftreten der CO_2 im Salz und in der Kohle beruht darauf, daß im ersten Falle die CO_2 bei den Lösevorgängen mit der NaCl-Lauge in das Salz eingedrungen ist und daß durch die hierbei auftretenden Kristallisationsvorgänge im Salz wieder eine mehr oder weniger weitgehende Verfestigung eintrat, während bei der Kohle durch die Gasadsorption eine Verminderung der Kohäsion erfolgt, die noch verstärkt wird dadurch, daß die CO_2 vorwiegend an tektonischen Zerrüttungsstellen in die Kohle eintritt. Durch den späteren Druck der Deckgebirgsauflast findet nur eine wenig wirksame Brikettierung der zerrütteten Kohle statt. Die Kohäsion der ausbruchsgefährlichen Kohle ist daher erfahrungsgemäß gering. Sie ist „weich" und zerfällt oft nach HERRMANN schon bei kurzer Förderung auf Schüttelrutschen zu „Schnupftabak".

Ein weiterer wichtiger Unterschied ist gegeben durch die Tatsache, daß Gasbindungen, die zu Gasausbrüchen führen könnten, nach den bisherigen Erfahrungen auf die Kohle selbst beschränkt sind. Die Sandsteine sind zu grobporig, so daß hier keine kapillaren Bindungen entstehen können. Offenbar hat die aus der Tiefe aufsteigende CO_2 als Abflußwege die Sandsteine und allenfalls die Verwerfungsklüfte benutzt, wobei sie auf dem Wege der Diffusion nur an solchen Stellen in die Flöze eindrang, an welchen die Sandsteine das unmittelbare Hangende oder Liegende der Flöze bildeten, so daß die im Schieferton eingebetteten Flöze meist ungefährlich sind und nur an Verwerfungsklüften CO_2 führen.

Infolge der mangelhaften Kohäsion der ausbruchsgefährlichen Kohle genügen oft schon geringe Energien, wie sie Bohrgeräte erzeugen, um einen Gasausbruch als Kettenreaktion auszulösen. Auf die Bedeutung der durch Staubstauung herbeigeführten Selbsthemmung der Gasausbrüche, die in der Regel den einzelnen Ausbruch bald begrenzt, habe ich schon hingewiesen.

Abb. 5 zeigt ein Beispiel von CO_2-Ausbrüchen beim Auffahren von Strecken. Die brisanten Ausbrüche in tektonisch anscheinend ungestörten Bezirken sind nach den vorstehenden Aus-

[1]) a. a. O., S. 534.

[2]) a. a. O., S. 533—534.

[3]) DEMANET: Traitic d'exploitation des mines de houille. Übersetzung von Dr. KOHLMANN und GRAHN (Braunschweig, Vieweg) 1905, S. 52.

führungen nur denkbar, wenn sie durch Zermürbung der anstehenden Kohle infolge der Schwerewirkung des Deckgebirges vorbereitet werden. Der Vorgang kann so erfolgt sein, daß die in die Kohle eindringende CO_2 eine Herabsetzung der Flözfestigkeit bewirkte, so daß unter der Schwerewirkung des Deckgebirges ein Strukturbruch erfolgte. Natürlich ist auch der Fall denkbar, daß die CO_2 bereits in die tektonisch zermürbte Kohle nachträglich eindrang.

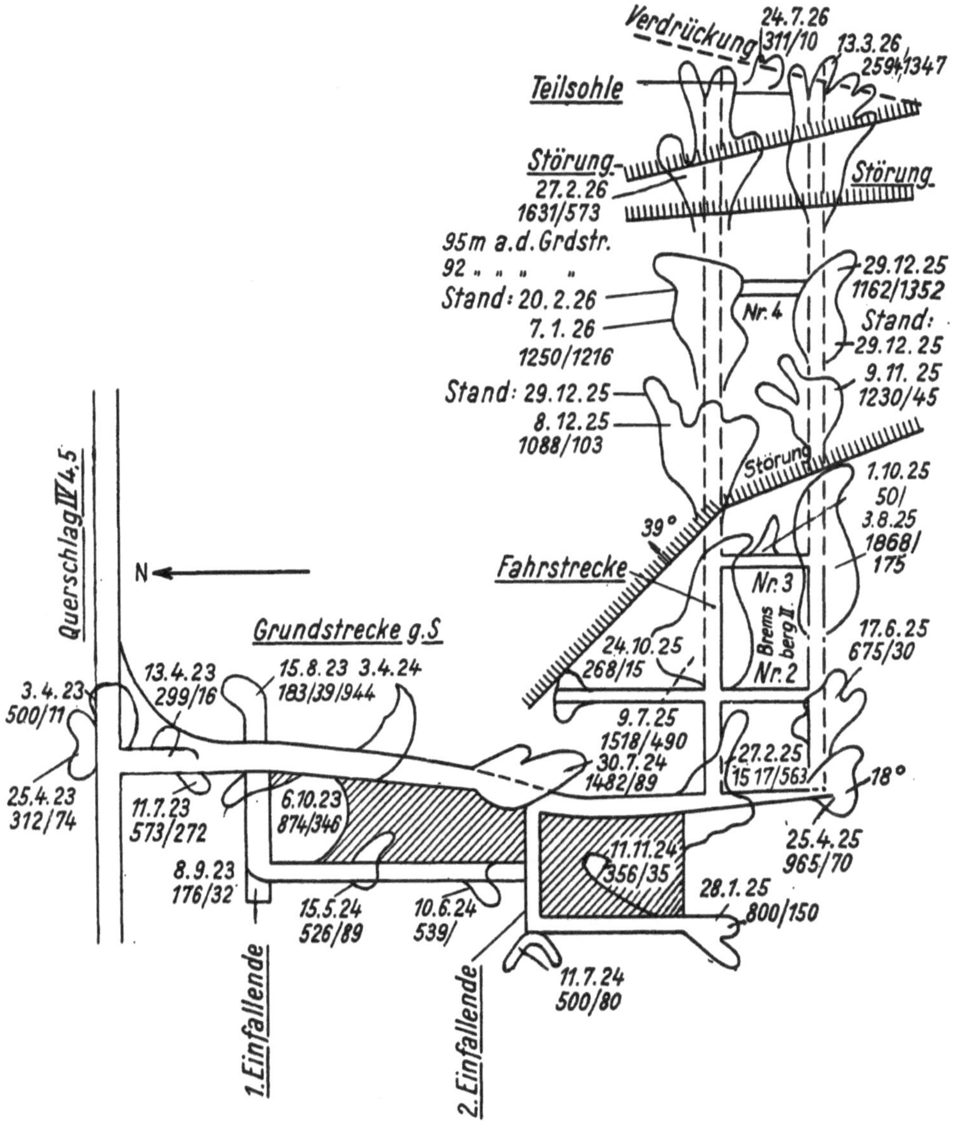

Abb. 5. CO_2-Ausbrüche in Strecken

Tektonische Zermürbungen sind auch ohne leicht erkennbare tektonische Störungen möglich, wenn z. B. Seitenverschiebungen innerhalb des Flözes parallel zur Flözebene vorliegen. Höhne stellte in diesen Fällen eine starke Faltung und Zerdrückung der Flöze fest.

Herrmann[1]) gibt nun an: „Die Abbaubetriebe stehen angesichts der großen von ihnen durchörterten Flächen hinsichtlich der Zahl ihrer Ausbrüche am günstigsten da.“ Auch

[1]) Z. B. H. S.-Wesen 1932, S. 150. Herrmann unterscheidet zwischen den brisanten Gasausbrüchen in den Strecken und den deflagrierenden Gasausbrüchen in den Abbauen.

GAERTNER berichtet, daß die Zahl der Gasausbrüche im Strebbau wesentlich geringer ist als in den Streckenbetrieben, obwohl im Strebbau die Zahl der Sprengschüsse eine viel höhere ist als in den Streckenbetrieben.

Man kann nicht unterstellen, daß die Streckenbetriebe immer ausgesucht die gefährlichsten Stellen der Flöze durchörtern. Der Unterschied kann nur in den Wirkungen des Abbaus gesucht werden, die den Streckenbetrieben fehlen. Nach den vorstehenden grundsätzlichen Erörterungen kann das günstigere Verhalten des Flözes am Strebstoß nur darauf zurückgeführt werden, daß die Kohle am Stoß dem zusätzlichen Abbaudruck unterliegt. Hier werden die Kapillaren verengt, so daß Ausbrüche nicht tief in den Stoß vorwandern können, wenn nicht besondere örtliche Verhältnisse vorliegen, wie etwa starke Schwellungen der Flözmächtigkeit usw. Diese Wirkung des zusätzlichen Abbaudruckes wird sehr klar, wenn man die von Dr. A. GAERTNER veröffentlichte Schilderung der Vorgänge kritisch liest, die dem Kohlensäureausbruch und Flözschlag im Wenzeslausflöz am 9. Juli 1930 vorausgingen. GAERTNER führte hierzu aus (vgl. Glückauf 1931, S. 149—156 u. 181—186):

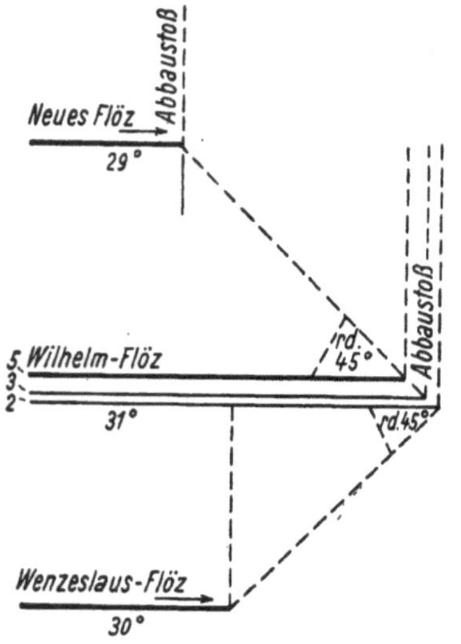

Abb. 6.

„Das 1,5—2,5 m mächtige Wenzeslausflöz war bis Anfang 1928 in einem Abstand von etwa 30° (Abb. 6) der 4—5 m Kohlenmächtigkeit aufweisenden Wilhelmflözgruppe gefolgt. Das 5. Flöz wurde versatzlos gebaut (wahrscheinlich Strebbruchbau). Das Wenzeslausflöz *neigte* damals *nicht* zu Kohlensäureausbrüchen. Im Frühjahr 1928 stellte sich nach Verminderung des Abstandes der Abbaue CO_2 in größeren Mengen ein — gemessen wird immer nur das freie, nie das in der Kohle gelöste Gas; bei weiterer Verringerung des Abstandes fanden Anfang 1929 in einer dem Streb vorausgetriebenen Schwebenden die ersten zwei Ausbrüche statt. Dann traten sie bei *weiter abnehmendem Abstand* mit *unausgesetzt* wachsender Stärke in der *Sohlenstrecke, die 40—50 m* dem Streb voranging, in fast regelmäßigen Zwischenräumen auf (Abb. 6). Anfang 1930 gab es in der *oberen* Grundstrecke, und als dann in den obersten 50 m des Pfeilers das Schießen angeordnet wurde, auch dort zwei große Ausbrüche. Alle gingen ohne jeden Unfall ab; sie *folgten sofort* dem *Erschütterungsschießen*, während die Belegschaft zurückgezogen war. Das Gefühl der Sicherheit war allgemein. Da kam der *Ausbruch zum 9. Juli, zwei Stunden nach Beginn der Schicht*, als alles an der Arbeit war (gegen 16 Uhr)."

Aus diesem Bericht kann der folgende Schluß gezogen werden: Solange der *Abbau* der im Liegenden des Wenzeslausflözes liegenden *Wilhelmflözgruppe dem Abbau des Wenzeslausflözes so weit vorausging*, daß die unmittelbare *Abbaudruckwirkung* der Wilhelmflözgruppe nicht bis zum Abbaustoß des Wenzeslausflözes *übergriff*, *neigte dieses Flöz nicht zu Kohlensäureausbrüchen*. Das war der Fall, als der Abbau im Wenzeslausflöz noch mit 30° Abstand dem Abbau in der Wilhelmflözgruppe folgte.

In dem Maße, in welchem der Abbau im Wenzeslausflöz durch schnelleren Verhieb dem Abbau der Wilhelmflözgruppe näher kam, fand durch die dem Abbau im Wilhelmflöz zunächst folgende Senkung des Mittels zwischen Wenzeslausflöz und Wilhelmflözgruppe auch eine entsprechende Entlastung des liegenden Teiles des Wenzeslausflözes statt, die bis an die Stelle reicht, an welcher etwa senkrecht darüber das absinkende Hangende wieder einen erheblichen Druck äußerte. Nach den Erfahrungen, die auf Flöz Röttgersbank bei der Gasgewinnung aus dem Hangenden durch Bohrlöcher gemacht wurden, ist diese Zone über 60 m breit. In diesem Entlastungsbereich konnte hier eine elastische Volumendehnung des Wenzeslausflözes eintreten. Infolgedessen verwandelte sich hier nach der vorstehend erläuterten Theorie der durch die molekularen Nahkräfte gebundene „latente" Gasdruck durch Erweiterung eines Teiles der engeren Kapillaren in einen freien aktiven Expansionsdruck. Mindestens war in diesem Gebiet ein Zustand hergestellt, bei welchem die stärkere kapillare Gasbindung aufhörte und erhebliche Gasmengen frei expansiv wurden. Da das Flöz zwischen dem Hangenden und Liegenden fest eingeschlossen war, konnte trotz des aktiv gewordenen Gasdruckes die Flözkohle nicht zerfallen. Das freigewordene Gas konnte jedoch durch die porösen hangenden und liegenden Sandsteine abfließen.

Bei der gegebenen Sachlage mußten im Wenzeslausflöz die dem Abbau vorangetriebenen Strecken zuerst in das Entlastungsgebiet kommen, und zwar zu einer Zeit, in welcher das freigewordene Gas noch nicht oder ungenügend in das Nebengestein abgeflossen war. Hier traten daher die durch die mangelhafte Kohäsion der Kohle in ihrer Wirkung unterstützten Gasausbrüche zuerst auf. Es wäre wohl interessant festzustellen — soweit es noch möglich ist —, ob dieser klare Zusammenhang der Gasausbrüche in Ausrichtungsstrecken mit dem Abbau benachbarter Flöze schon häufig auftrat. Jedenfalls hat man bisher hierauf noch nicht geachtet.

Wenn der Abbau im Wenzeslausflöz in größerer Entfernung vom Abbau in der Wilhelmflözgruppe keine Gasausbrüche zeigte, so steht dies in voller Übereinstimmung mit der Tatsache, daß auch die Gaslieferung der ins Hangende gestoßenen Bohrlöcher auf Röttgersbank (Glückauf 1944, S. 241—250) nachläßt und aufhört, sobald der Abbau wesentlich mehr als rund 60 m über die Lage der Bohrlöcher vorangeschritten ist.

Bei einer Entlastungsbreite von mehr als 60 m und dem normalen Verhiebfortschritt hat das freie Gas mehrere Monate Zeit zum Abfluß in ein aufnahmefähiges Nebengestein, aus dem es dann weiter abfließen kann.

Eine *Zermürbung der Kohle* des Wenzeslausflözes ist durch die Abbauwirkung der Abbaue der Wilhelmgruppe *offenbar nicht* eingetreten. GAERTNER hätte sonst bestimmt darauf hingewiesen. Vor einer Zermürbung schützte sicher die Festigkeit des Mittels, mindestens die biegungsfeste Liegendschicht des Wenzeslausflözes. Es kommt nur die Volumendehnung infolge der Druckentlastung für die Erweckung des aktiven Gasdruckes in Frage.

Von wesentlicher Bedeutung für das Verhalten der ausbruchsgefährlichen Kohle ist deren mulmige „weiche" Beschaffenheit. Infolgedessen kann sie nicht am Stoß „zerdrückt" werden wie eine normale feste Kohle, die dadurch naturgemäß in der Zerdrückungszone zwischen dem Stoß und Druckmaximum gut entgast. Die mulmige Kohle wird am Stoß um so dichter und gasaufnahmefähiger, je mulmiger und zerwalzter sie bereits ist, also je ausbruchsgefährlicher sie ist.

Offenbar konnten aus dem entlasteten Flözbezirk erhebliche Teile der frei gewordenen CO_2-Gase — vielleicht durch die infolge der Abbauwirkung stärker geöffneten Gesteinsspalten — in die hangenden oder liegenden Sandsteinschichten abfließen. War der Abbau im Wilhelmflöz so weit vorgetragen, daß der Abbau im Wenzeslausflöz über dem Gebiet lag, in welchem das Hangende wieder ausreichenden Druck ausübte, konnte im Wenzeslausflöz ein erheblicher Teil der freien, noch nicht abgeflossenen CO_2-Gase durch Verengung der Kapillaren von der Kohle wieder gebunden werden. Es erfolgt also durch den Abbau des benachbarten hangenden Flözes eine Entspannung und mehr oder weniger umfangreiche Entgasung des ausbruchgefährlichen Flözes, die deren Gefahr herabsetzt oder beseitigt.

GAERTNER führt hierzu passend aus — ohne die physikalischen Vorgänge zu erörtern (Glückauf 1951, S. 181): „Eine Entspannung erfolgt auch, wenn man z. B. einen gutgehenden hangenden oder liegenden Schieferpacken nur hereingewinnt, um durch die Erleichterung seines Hereinquellens in den Abbauraum dem nachfolgenden Flöz Luft zu machen. Das gleiche Ziel wird durch Wegnahme von Massen erreicht, wenn man, wie im Gardbezirk, mit Vorliebe ein Flöz im Hangenden oder auch im Liegenden vorwegbaut (Philys couche égide). Die Begleitschichten dehnen sich in den durch den Abbau freigewordenen Raum aus und nehmen die Spannung vom Flöz. So zeigt Abb. 7 von der Grube Nord Alais im Gardbezirk, daß die durch Punkte bezeichneten Kohlensäureausbrüche im Flöz Jeanne lediglich dort liegen, wo *senkrecht* darüber das große Flöz *nicht abgebaut* ist.

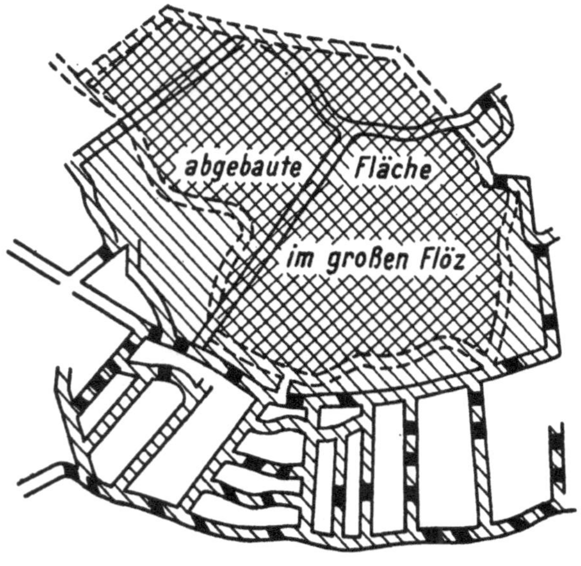

Abb. 7. Kohlensäureausbrüche im Flöz Jeanne

Offenbar floß aus dem entlasteten Teil des Flözes Jeanne während der Entlastungsperiode das freigewordene Gas durch Gesteinsspalten usw. in das Nebengestein ab.

Verfolgt man den im Wenzeslausflöz eingetretenen Gasausbruch, so trafen mehrere ungünstige Umstände zusammen. Zunächst kam der Abbaustoß offenbar in das frisch gebildete Entlastungsgebiet, aus dem die freigewordenen CO_2-Gase noch nicht oder ungenügend abgeflossen waren. Die Wirkung des aktiven Gasdruckes wurde dadurch verstärkt, daß das Wenzeslausflöz an der Ausbruchstelle durch eine Störung (Abb. 8), also tektonisch, zermürbt war. Endlich ist wahrscheinlich während des Ausbruches eine Entlastung durch ruckweise Senkung des durch den Abbau freigelegten Liegenden des Wenzeslausflözes eingetreten, so daß der Ausbruch erst 2 Stunden nach Beginn der Schicht erfolgte.

Man darf sich die Vorgänge der Hangendsenkung und der Liegendaufwölbung bzw. der Liegendentlastung durchaus nicht als einen absolut gleichmäßigen Vorgang vorstellen. Diese Vorgänge werden stets erst nach Überwindung der entgegenstehenden Widerstände, also mehr oder weniger ruckweise in mehr oder weniger großen Zeitperioden erfolgen. Das sogenannte „Arbeiten" des absinkenden Gebirges hat eine gewisse Übereinstimmung mit den Periodenbrüchen beim Abbau unter festen Sandsteinbänken, wenn auch diese Periodenbrüche wesentlich heftiger verlaufen. Infolge der Unvorhersehbarkeit des Eintritts dieser Periodenbewegungen können sie und damit auch die Gasausbrüche oft in mehr oder weniger großen Zeitabständen *nach* der Vorverlegung des festen Abbaustoßes eintreten. Das Erschütterungsschießen ermöglicht also nur eine bedingte Erhöhung der Betriebssicherheit.

Es scheint, daß der rechtzeitig im benachbarten Flöz durchgeführte Entlastungsbau am sichersten zu dem gewünschten Erfolg führt.

II. b) Kohlensäureausbrüche im Kalisalzbergbau

Während die Ursachen der Gasausbrüche und Gasausströmungen in Steinkohlenflözen nach den bisher vorliegenden Erfahrungen als weitgehend geklärt angesehen werden können, bedürfen die Gasausbrüche und Gasausströmungen im Salzbergbau zur Klärung ihrer Ursachen noch einer umfassenden kritischen Sammlung der bekanntgewordenen Erscheinungen. Immerhin können schon jetzt in manchen Fällen die durch Druckentlastung des sich in die Abbauräume herabbiegenden Hangenden bewirkte Aktivierung der bislang kapillar gebundenen

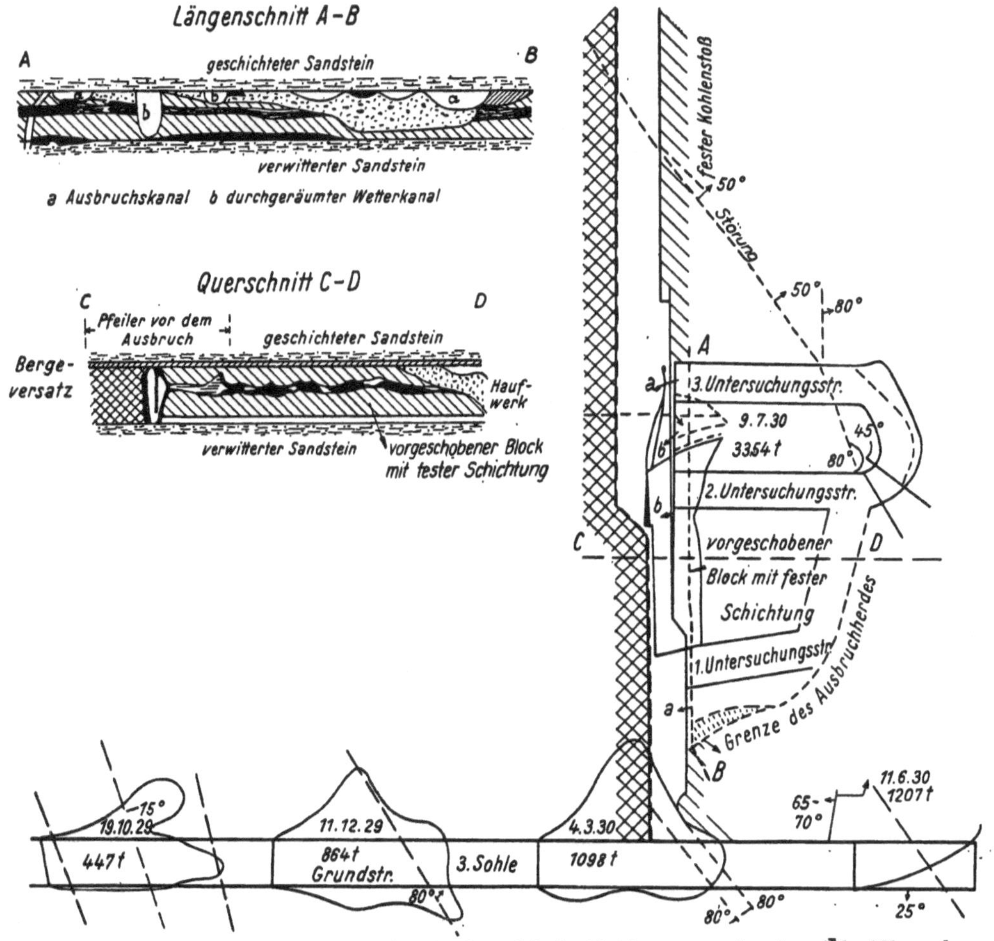

Abb. 8. Lageplan des Strebs im Wenzeslausflöz, in dem sich der Kohlensäureausbruch auf der Wenzeslausgrube am 9. Juli 1930 ereignete

Gase ein Beweis dafür sein, daß in den hangenden Tonen des Kaliwerks Thomas Müntzer (früher Salzbergwerk Bismarckshall) Gase kapillar gebunden sind[1]). Das ergibt sich aus der Tatsache, daß die Ausbrüche explosionsartig erfolgen, und zwar oft an Stellen, die dicht an Streckenpfeilern liegen oder in Abbauen, in denen keine Abbaudruckerscheinungen in der Firstendecke beobachtet wurden (Bergbautechnik 1953, Heft XII, S. 646. Dipl.-Geologe E. Stolle, Jena, Gasvorkommen in Kalibergwerken des Südharzgebietes). Nach den von E. Stolle mitgeteilten Beobachtungen liegen die Tonbrüche vielleicht „*auf Schnittpunkten besonderer tektonischer Beanspruchung*, die zwar *nicht* zu *einer Faltung* führte, jedoch eine starke Zermürbung des Grauen Salztones und eine *gleichzeitig darin* folgende Gasanreicherung zur Folge hatte. Letzterer ist übrigens selbst in den oberen aufgeschlossenen Lagen noch aus vorwiegend plastischem, stark zerruscheltem grauem Tongestein zusammengesetzt" (S. 649 unten links) . . . Bei der Entstehung einer Anzahl gleichartiger Tonbrüche in *alten* Abbauen kann die Mitwirkung von Gasen ebenfalls als wahrscheinlich angenommen werden (Bild 1 u. 2 der Seite 649 [hier Bild 9 u. 10]).

E. Stolle weist ausdrücklich darauf hin, daß nach den Berichten der Druck der im Salzton eingeschlossenen Gase ein erheblicher gewesen sein muß. Die Ähnlichkeit der kapillaren Gasbindung mit derjenigen der Steinkohlen, z. B. von Agrappe und von der Wenzeslausgrube, ist sehr groß.

[1]) Es handelt sich hier um Kohlenwasserstoffgase.

Interessant ist auch die Darstellung der durch Gasausbrüche entstandenen Tonbrüche (Bild 9) und der durch Abbaudruck entstandenen (Bild 10). Letztere läßt deutlich die übermäßige Biegungsbeanspruchung der Tonschichten als unmittelbare Ursache des Bruches erkennen. Die Biegungsbelastung der überkragenden Schichten ist deutlich zu erkennen. Es liegt jedenfalls kein Gewölbebruch vor, sondern ein Biegungsbruch, der Gewölbeform angenommen hat.

Offenbar lag an den durch Gas bewirkten Tonbrüchen zunächst eine geringe, oft kaum meßbare Durchbiegung der Decke vor, durch welche eine Erweiterung der Abstände der kapillaren Zermürbungsflächen und damit verbunden eine Aktivierung des Druckes der kapillar gebundenen Gase erfolgte. Erst hierdurch entstand der explosionsartige Ausbruch. Wäre der Gasdruck von Anfang an aktiv gewesen, so hätte er sofort bei der Freilegung der Decke wirken müssen. Dieser Hinweis gilt besonders für die Tonbrüche in alten Abbauen.

Abb. 9. Durch Gasdruck entstandener Tonbruch

Abb. 10. Durch Abbaudruck entstandener Tonbruch

Die Gefahr der Gasausbrüche scheint auf dem Kaliwerk Thomas Müntzer (früher Salzbergwerk Bismarckshall) — soweit sie mit Zertrümmerung des anstehenden Gesteins verbunden ist — auf die Tonbrüche beschränkt zu sein. Wohl sind beim Bohren im Salz häufig Bläser aufgetreten, die nach den bisherigen Erfahrungen an Schnitte und Schlechten gebunden sind, die meist N.S. verlaufen. Die Tatsache, daß die Bläser und Racheln besonders am Kontakt des Carnallits mit Sylvinit auftreten, kann man wohl dahin deuten, daß hier zunächst erhebliche $MgCl_2$-Mengen weggeführt wurden, ehe NaCl ausscheidet, so daß die Lagerstätte sehr porös wurde. Jedenfalls muß diese Frage noch eingehend untersucht werden.

Durch diese Feststellung gewinnt offenbar die vorstehend angegebene Theorie der Gasbindung für die Beurteilung des Gasgehaltes der Gebirgsschichten eine weitgehende Bedeutung. Es mag nur darauf hingewiesen werden, daß auch die Zechstein-Kalke in Teufen von mehr als etwa 600 m meist CH_4 führen. Der Zechstein muß infolge seiner größeren Härte unter entsprechend höherem Auflagedruck liegen als Salzton und Steinkohle, wenn die Kapillaren desselben eng genug sein sollen, um Gas zu binden. Jedenfalls möchte diese Frage durch Sammlung und Sichtung des entsprechenden Beobachtungsmaterials im Interesse der Lagerstättenkunde möglichst geklärt werden, besonders wenn es sich um solche Gebirgsglieder handelt, in deren Liegendem bituminöse Schichten anstehen.

Der Bergbaubetrieb im Kalisalzgebiet der Werra und Fulda ist durch vergleichsweise häufige CO_2-Ausbrüche bekannt. Diese Gasausbrüche verursachen eine erhebliche Gefährdung und Erschwerung des Betriebes. In der Regel treten die Gasausbrüche als Folge der durch die Sprengarbeiten im anstehenden Gebirge verursachten Erschütterungswellen auf und erreichen je nach den vorliegenden örtlichen Verhältnissen oft einen erheblichen Umfang.

Für die Beurteilung der Gefahren und der zu treffenden Sicherungsmaßnahmen ist die Art des Auftretens der CO_2 von ausschlaggebender Bedeutung.

Das CO_2-Gas ist an das Salz adsorptiv und kapillar gebunden. Die Stärke der Bindung wird maßgeblich durch die molekularen Nahkräfte der Kapillarwandungen und somit durch die Größenverhältnisse der Hohlräume beeinflußt, welche die einzelnen Salzteilchen umschließen[1]). Die Räume müssen eng genug sein, um die molekularen Nahkräfte wirksam zu gestalten. Durch Spalten, die vorwiegend mit dem Eindringen der tertiären Basalte in das Salzgebirge entstanden, konnten heiße Laugen, die mit NaCl und der aus der Tiefe unter einem Druck von mehr als 60 at aufsteigenden CO_2 gesättigt waren, an die Carnallitlagerstätten gelangen und lösten aus dem Carnallit ($KCl + MgCl_2 + 6\,H_2O$) das Chlormagnesium ($MgCl_2$) im Austausch gegen NaCl heraus, so daß Sylvinit entstand, also eine Mischung von NaCl und KCl sowie in der Regel noch ein Laugenrest zurückblieb. An den Berührungsstellen zwischen den kolloiden Salzkörnchen, aus denen der Sylvinit besteht, ist die CO_2-haltige Lauge durch die hier auftretenden Kapillarkräfte gebunden (Berührungs- oder Zwischenkapillaren). Die Stärke der Bindung nimmt aus den oben genannten Gründen mit zunehmendem Abstand der Wandungen ab und wird in Zwischenräumen, deren Weite ein gewisses Maß überschreitet, unwirksam. Mit zunehmendem Austausch der $MgCl_2$ gegen NaCl werden die Oberflächen-*Anteile* der NaCl-Kolloide, deren molekularen Nahkräfte weitgehend durch die adsorptive Bindung der CO_2-Sohlenlauge aufgebraucht werden, also für die Kohäsionskräfte verloren gehen, immer größer. Damit nimmt auch die Zerfallsneigung zu. Die größten Ausbruchsgefahren werden daher wahrscheinlich die völlig vertaubten Lagerstättenteile haben, in denen nur noch NaCl zurückgeblieben ist. Infolge der zugleich vor sich gehenden Kristallisationsvorgänge ist jedoch der Vertaubungsgrad kein sicheres Kennzeichen der Kohäsion der Salze, wohl die relative Menge der vom Salz eingeschlossenen CO_2-haltigen Lauge.

Richter[2]) führt in seiner Veröffentlichung „Untersuchungen zum Auffinden von Kohlensäurenestern im Kalibergbau mit geoelektrischen Meßmethoden“ aus:

> „Wir dürfen mithin folgendes annehmen: Kohlensäure, die mit NaCl gesättigten Laugen von ungefähr 100° C in die Lagerstätte eingedrungen ist, findet sich nur bisweilen in geringen Mengen in einem mangels genügender Laugenzufuhr nur teilweise umgewandelten Carnallit, selten im eigentlichen Hartsalz, wohl aber besonders im Umwandlungssylvinit und schließlich noch im Umwandlungssteinsalz, d. h. in einem Lager, das völlig vertaubt ist, weil die Laugen nicht nur die Magnesiumsalze, sondern auch das Kalisalz aufgelöst haben. Die Tatsache, daß bei CO_2-Ausbrüchen Carnallit und Salze vom Hartsalzcharakter mit herausgerissen werden, ist im Hinblick auf die großen freiwerdenden Energien erklärlich, besagt jedoch — von obiger Einschränkung abgesehen — nichts gegen die ausgesprochene Ansicht.“

In der Zusammenfassung geht Richter ferner von der Voraussetzung aus, daß „CO_2 und Lauge immer gemeinsam und in ungefähr konstantem Verhältnis“ vorhanden sind.

Hiernach ist das ausbruchsgefährliche Salz stets von einer CO_2-haltigen Lauge durchfeuchtet. Diese Beobachtung ist meines Erachtens darauf zurückzuführen, daß die CO_2 nachträglich in das Salz mit Hilfe der Lauge eingedrungen ist.

---

[1]) Wahrscheinlich können diese Räume wesentlich größer sein als in der Kohle, da die CO_2 vorwiegend von der im Salz vorhandenen Lauge absorbiert sein dürfte.

[2]) Bergakademie. Sonderdruck aus „Freiberger Forschungshefte“. Heft 6/7, März 1953, S. 11. Dr.-Ing. habil. W. Richter: Untersuchungen zum Auffinden von Kohlesäurenestern im Kalisalzbergbau mit geoelektrischen Meßmethoden.

Infolge der mit der Lösung der $MgCl_2$ verbundenen Kristallisationsvorgänge hat der normale Sylvinit eine wesentlich größere Kohäsion als die mit CO_2 gesättigte Steinkohle. Junghans[1]) stellte ausdrücklich fest, daß nach den bisherigen Erfahrungen im Salzwerk Menzengraben Ausbrüche durch Bohrarbeiten *nie* ausgelöst wurden, während nach Herrmann[2]) im Watbrzycher (Waldenburger) Steinkohlenrevier wiederholt Gasausbrüche durch Bohrarbeiten entstanden. Für normalen Sylvinit ist also ein stärkerer Impuls erforderlich, um einen Gasausbruch auszulösen. Die Gasausbrüche treten daher vorwiegend nach dem Abtun von Sprengschüssen ein.

Durch den Explosionsstoß wird eine sich kugelförmig um den Explosionsherd ausbreitende Stoßwelle erzeugt, deren Intensität umgekehrt quadratisch zum Radius der Stoßwelle wächst. Die Intensität nimmt also schnell ab. Während sie zunächst durch schwingende Bewegung der einzelnen Salzkolloide eine schnell wechselnde, wenn auch im absoluten Sinne geringe, aber relativ erhebliche Zu- und Abnahme der Kapillarweiten hervorruft, werden diese Einwirkungen bald bedeutungslos. Solange die Stoßwirkung genügt, wird die adsorptive Bindung der CO_2 während der Erweiterung der Kapillaren aufgehoben, so daß das anstehende Salz durch den freigewordenen Gasdruck zerspratzt wird. Es kommt nun sehr darauf an, ob die durch das Zerspratzen der Salzkolloide freiwerdende Energie für sich allein ausreicht, die im anstehenden Salz rückwärtig anschließenden Salzmoleküle in so starke schwingende Bewegung zu bringen, daß auch hier die adsorptive Bindung kurzzeitig aufgehoben wird. Das kann eintreten, wenn die Kohäsion der anstehenden Salze infolge der ausgelaugten KCl und $MgCl_2$-Mengen und mangelhafter Kristallverbindung zu gering geworden ist. In diesem Falle entwickelt sich der Gasausbruch als Kettenreaktion unter Zerfall der anstehenden Salze, bis er in ein Gebiet gelangt, in welchem das anstehende Salz noch eine ausreichende Kohäsion hat.

Ist das stark ausgelaugte und daher gasausbruchsgefährdete Salzgebiet von Kluftsystemen größeren Inhalts durchzogen, die mit hochgespannten CO_2-Gasen erfüllt sind, so können die Bläser, die beim Anfahren oder Anbohren dieser Klüfte entstehen, aus den genannten Gründen schon durch die hohe Austrittsgeschwindigkeit der Gase und den damit verbundenen Erschütterungskräften sehr umfangreiche Gasausbrüche unter Auswurf erheblicher feinkörniger Salzmassen hervorrufen. An der Ausbruchsstelle genügt hierzu eventuell das Anfahren von „Schnitten", die nach Junghans[3]) in einigen Fällen die Ursache von Gasausbrüchen im Schacht Menzengraben waren.

Im allgemeinen rufen kleinere Bläser keine Gasausbrüche aus dem anstehenden Salz hervor, da es sich bei ihnen um interkristalline CO_2 handelt, bei Gasausbrüchen dagegen um inkristallige[4]).

Nach den Erfahrungen von Herrn Prof. Dr. Deubel genügt in der Regel eine gasfreie Trennwand von rund 1 m Stärke, um den Explosionsstoß normaler Sprengschüsse so weit abzuschwächen, daß keine Gasausbrüche eingeleitet werden. Herr Prof. Dr. Richter hat gashaltige Salzstücke untersucht, die nach mehrmonatlicher Lagerung bei Zimmertemperatur

[1]) a. a. O., Bergakademie, Heft 6/7.

[2]) Z. B. H. S.-Wesen 1932, Bd. 80, S. 134. Dr. W. Herrmann: Ein Beitrag zum Problem der Kohlensäureausbrüche in Steinkohlengruben auf Grund bergmännischer Beobachtungen in schlesischen CO_2-Betrieben.

[3]) Bergbau und Technik, 3. Jg., Heft 9 (1953), S. 457. Dr.-Ing. R. Junghans: Der schwere CO_2-Ausbruch auf der Schachtanlage Menzengraben des VEB Kaliwerk Heiligenroda vom 7. 7. 1953, seine Ursache und seine Folgen.

[4]) Richter weist darauf hin, daß G. Hartwig (Zur CO_2-Führung der Werra- und Fulda-Kalisalzlager, unveröffentlichter Bericht vom 2. 2. 1940) zwei Arten von CO_2-Einschlüssen unterscheidet, nämlich „inkristallige" CO_2 und „interkristalline" CO_2. Danach ist inkristallige CO_2 im Kristall selbst als Einschluß vorhanden, die interkristalline zwischen den Kristallen. Hartwig nimmt an, daß der überwiegende Teil der Kristallporen, welche die inkristallige CO_2 führen, ultramikroskopisch klein sei und daher in ihrer Wirkung aktiven Kapillarräumen gleichen. Diese Erkenntnisse decken sich vollständig mit der Feststellung, daß die Gasausbruchsgefahr im Steinkohlenbergbau an tektonisch stark zerriebene Kohlenflöze gebunden ist.

das adsorptiv gebundene Gas festgehalten haben. Sobald diese Stücke in Wasser geworfen werden, lösen sie sich unter Freigabe beachtlicher CO_2-Mengen mit stark knisternden Geräuschen auf, die sich oft zu kräftigen Knallen steigern. Daraus folgt, daß der Gewinnungsbetrieb in Sylviniten mit ausreichendem K Cl-Gehalt keine Gasausbruchsgefahr herbeiführt, wenn bei der Gewinnung Explosionsstöße oder ähnlich starke Stöße vermieden werden. Junghans führt in seinem Bericht über den CO_2-Ausbruch auf der Schachtanlage Menzengraben aus (S. 458): „Nach den bisherigen Erfahrungen sind Ausbrüche durch Bohrarbeit nie ausgelöst worden. Sie treten *ausschließlich* beim Schießen auf."

Werden also die Strecken im vollen Querschnitt durch Streckenbohrmaschinen hergestellt, wie sie z. B. auf einigen Kalisalzgruben im Südharzgebiet in Anwendung standen, so kann

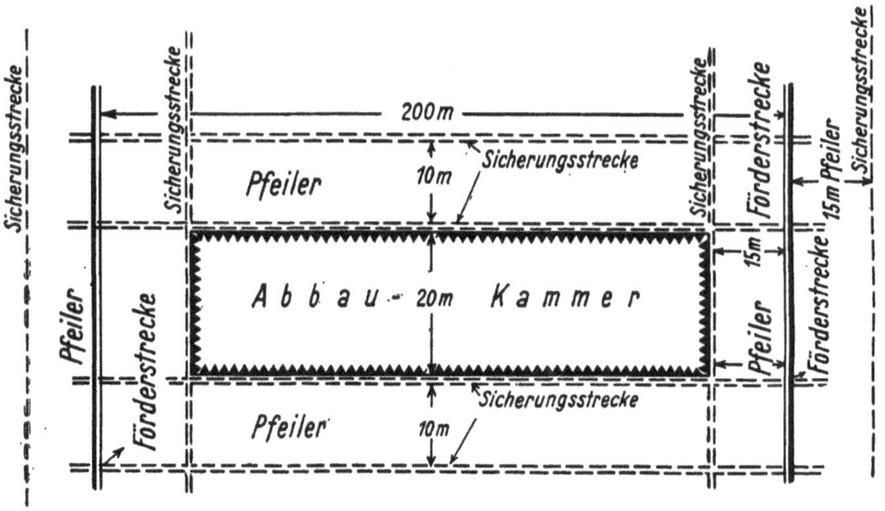

Abb. 11. Vorrichtungsvorschlag für Gasausbruch-gefährdete Sylvinitwerke

voraussichtlich die Gefahr weitgehend vermieden werden. Wahrscheinlich wird es aber notwendig sein, die Anpassungsfähigkeit der Streckenbohrmaschinen an die Lagerungsverhältnisse durch konstruktive Verbesserung zu erhöhen. Gefahren sind mit diesen Maschinen wahrscheinlich erst zu befürchten, wenn man sich Vertaubungsgebieten nähert. Da diese Gebiete ohnehin wirtschaftlich uninteressant sind, so kann man ihnen durch ständige sorgfältige Beobachtung des Bohrmehls der Streckenbohrmaschinen aus dem Wege gehen[1]).

Die Aus- und Vorrichtung könnte dann in großen Zügen beispielsweise in der folgenden Weise vor sich gehen (Abb. 11): Die Förderstrecken werden bei söhliger Lagerung in rund 200 m Abstand wie bisher aufgefahren, jedoch nicht durch Schießarbeit, sondern mit Streckenbohrmaschinen. Zu beiden Seiten der Förderstrecken werden in je 15 m Abstand Sicherungsstrecken in gleicher Weise aufgefahren. Rechtwinklig werden hierzu in wechselnd 10 und 20 m Abstand Kammersicherungsstrecken aufgefahren. Werden dann die Kammern mittels Schießarbeit hereingenommen, so wird ein etwaiger Gasausbruch voraussichtlich stets auf den durch die punktiert gezeichneten Sicherungsstrecken abgetrennten noch anstehenden Kammervorrat beschränkt bleiben. Es kann wohl angenommen werden, daß das beim Gasausbruch über die Sicherungsstrecke abgeschleuderte Salz auf der anderen Seite der Strecke keinen Stoß mehr auslöst, der bei normalem Sylvinit den Gasausbruch überträgt. Dieser Vorschlag wendet nur die bekannten Betriebserfahrungen zur Vermeidung und Beschränkung der Gasausbruchsgefahren an. Hiermit sind durchaus noch nicht alle Gefahrenmomente ausgeschaltet. Es bleibt vielmehr noch viel Arbeit zur Lösung der bestehenden Aufgaben.

[1]) Es ist unterstellt, daß die Mächtigkeit des Sylvinitlagers den normalen Betrag von ∾ 2,0 m nicht wesentlich übersteigt.

Diese Gefahren sind:

1. Ausgedehnte Kluftsysteme mit großen unter hohem Druck stehenden Gasmengen.

Die Gefahren, welche ausgedehnte Kluftsysteme im Gebiet der Werra und Fulda mit sich bringen können, sind vorstehend erörtert. Es handelt sich vor allem darum, die genaue Lage der Kluftsysteme rechtzeitig festzustellen, um ein unvorhergesehenes Anfahren derselben vermeiden zu können. Da sie in der Regel in der Nähe von Basaltausbrüchen auftreten, wird schon viel gewonnen, wenn stärkere gangförmige oder stockförmige Basaltdurchbrüche seismisch festgestellt werden. Immerhin ist es nötig, das Auftreten offener Klüfte und Schnitte durch eventuell noch zu entwickelnde geophysikalische Messungen so rechtzeitig und *genau* festzustellen, daß die Grubenbaue von den Klüften genügend ferngehalten werden können.

Vielleicht kann man in günstigen Fällen die Kluftsysteme durch Standrohr und Stopfbüchsen so anbohren, daß das Gas zunächst festgehalten und anschließend allmählich abgelassen werden kann. Zum Ziel kann dieses Verfahren nur dann führen, wenn der natürliche Nachschub an CO_2 genügend gering ist.

2. Die Unregelmäßigkeiten der Laugungsvorgänge an den Umwandlungszonen, insbesondere auch an der Grenze Carnallit-Sylvinit und Vertaubung.

Im allgemeinen wird zwischen dem normal zusammengesetzten Sylvinit und der Vertaubung eine ausreichend breite Übergangszone liegen, die bei sorgfältiger Überwachung den Eintritt der Gefahr rechtzeitig anzeigt. Sind dagegen die Übergangszonen erfahrungsgemäß schmal, so ist es zweckmäßig, die Zusammensetzung der Lagerstätten mit der von Prof. Dr. RICHTER entwickelten DK-Sonde in Verbindung mit einem gleichfalls von ihm entwickelten Zählrohrgerät festzustellen. Herr Prof. Dr. RICHTER unterstellt, daß CO_2 und Lauge immer gemeinsam und in ungefähr konstantem Verhältnis vorhanden sind. Er weist aber ausdrücklich darauf hin, daß die Stöße laufend mit Hilfe eines gut durchentwickelten Gerätes abgetastet werden müssen, wenn man feststellen will, ob eine Ausbruchsgefahr vorliegt: „*Man muß mit der Prognose vorsichtig sein, solange die Abweichung des DK nicht an mehreren Stellen stark ins Auge fällt.*“

Diese Einschränkung gilt sinngemäß auch für alle anderen genannten Vorsichtsmaßnahmen. Man wird noch viele Schwierigkeiten überwinden müssen, ehe man in der Lage ist, die Gefährlichkeit der anstehenden Salze in einem für die Betriebssicherheit notwendigen Abstande von den Grubenbauen, also rechtzeitig genug zu erkennen.

Bis dieses Ziel erreicht ist, muß der Betrieb mit den Sicherheitsmaßnahmen arbeiten, die der Stand der Wissenschaft und Technik schon jetzt ermöglicht.

II. c) Vulkanausbrüche als Gasausbrüche

Die aus den Vorgängen im Bergbau gewonnenen Erkenntnisse über die Gasausbrüche aus dem Gebirge haben zweifellos eine weit über dieses Gebiet hinausgehende Bedeutung. Es ist durchaus naheliegend, für die Gas- und Aschenausbrüche der Vulkane ähnliche Vorgänge[1]) anzunehmen. Der Ansicht, daß die Aschenausbrüche durch hochgespannten Wasserdampf bewirkt werden, dessen Entstehung darauf zurückgeführt wird, daß Wasser — auch Meereswasser — durch tiefgehende Spalten an den glühenden Kern des Vulkanschlotes herantritt und dort verdampft, kann ich mich nicht anschließen. Einerseits würde das Wasser in den Spalten durch die entstehende Dampfbildung immer wieder zurückgedrängt und andererseits ist die plötzliche Entstehung des Feinkorns, das aus der Kernmasse gebildet wird, in den ungeheuren Mengen kaum denkbar. Der spontane Zerfall des Schlotkerns zu vulkanischer

[1]) In den Kreis dieser Betrachtungen gehören nur Vulkanausbrüche, die mit Aschenausbrüchen und Gasexhalationen verbunden sind. Die verhältnismäßig ruhigen Lavaausflüsse haben jedenfalls andere Ursachen.

Asche setzt meines Erachtens voraus, daß der obere bereits erstarrte Teil des Kerns durch tektonische Vorgänge stark zerruschelt und dadurch befähigt wurde, so erhebliche Gasmengen kapillar zu binden, daß diese bei einem entsprechenden Impuls den ausbruchsgefährlich gewordenen Teil des Schlotkerns, ähnlich wie beim Sylvinit infolge einer Kettenreaktion, zum plötzlichen Zerfall bringen. Das Gas kann dabei CO_2 oder auch H_2O usw. sein. Man kann sich den Vorgang so denken, daß in Ruhezeiten des Vulkans die Gase allmählich auf kapillarem Wege in den Schlotkern eindringen und ihn so gewissermaßen aufladen. Der Auslösungsimpuls kann dann durch tektonische Druckerschütterungen erfolgen.

Man kann daraus schließen, daß die Ausbrüche um so heftiger werden, je länger die Zeitpausen der Ruhe sind. Außerdem hatte ich bereits auf die Ursachen der Selbstdämpfung von Gasausbrüchen im Steinkohlenbergbau hingewiesen. Es ist daher denkbar, daß ein Nachlassen der Vulkantätigkeit sehr bald durch tektonische Stöße wieder unterbrochen wird, schon weil die gelockert gewesene, aber auch in großer Tiefe, also dicht gepreßt liegende sehr heiße Asche sich wieder aufladen, also auch bei einem neuen Impuls wieder aktiv werden kann.

Es ist zweifellos von großem wissenschaftlichen Interesse zur Förderung unserer Erkenntnisse über den Vulkanismus, die Vorgänge der Vulkanausbrüche unter Berücksichtigung der bei Gasausbrüchen im Bergbau gewonnenen Kenntnisse zu untersuchen.

III. Systematische CH_4-Gewinnung im Steinkohlenbergbau

Auf einer Ruhrzeche ist im Jahre 1943[1]) erstmalig hochprozentiges Grubengas planmäßig aus dem Abbau abgesaugt und für die Energiewirtschaft nutzbar gemacht worden. In der Zeit vom 1. 4. 1943 bis 31. 3. 1944 wurden 3 264 200 m^3 CH_4 mit einem Wärmeinhalt von 28,4 Milliarden kcal gewonnen. Im Durchschnitt ergaben sich: Ein Gasluftgemisch von 4 980 000 m^3 mit $\sim$ 5700 kcal/m^3 norm., umgerechnet auf reines CH_4 $\sim$ 3 264 200 m^3 mit $\sim$ 7800 kcal/m^3 norm., umgerechnet auf Normalgas: $\sim$ 6 625 000 m^3 mit $\sim$ 4275 kcal/m^3 norm. Die Wichte des Gases betrug $\sim$ 0,770.

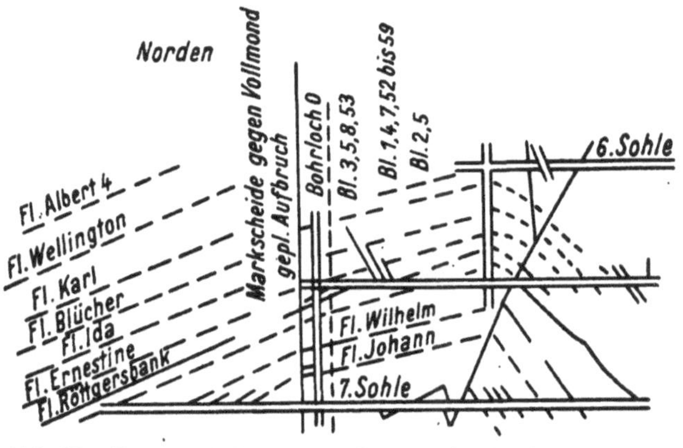

Abb. 12. Systematische Gasgewinnung durch Bohrlöcher im Zusammenhang mit dem Abbau der Flöze Röttgersbank 1 u. 2

Bei Aufnahme des Abbaues auf Flöz Röttgersbank wurde der Austritt von Gasen aus einem Bohrloch festgestellt, das in das Hangende bis Flöz Blücher getrieben war (Abb. 12).

Da die hangenden Flöze noch unverritzt waren, konnte nach den vorliegenden Verhältnissen mit Sicherheit angenommen werden, daß es sich nicht um einen Bläser handelt, sondern um das Auftreten von Gasmengen, welche in den hangenden Schichten durch den Abbau von Flöz Röttgersbank I frei wurden bzw. sich dort ansammelten. Die vom Bohrloch gelieferte Gasmenge betrug 11,5 m^3/min.

Es wurden daraufhin zunächst Bohrlöcher aus der obersten Abbaustrecke ins Hangende gestoßen. Da diese am Rande der Abbauwirkungen, also in mehr oder weniger zerrissenem Gebirge lagen, mußte damit gerechnet werden, daß durch die Risse Luft angesaugt wurde. Deshalb wurden die Bohrlöcher später aus einer im Versatz $\sim$ 10—20 m unter der Kopf-

[1]) Glückauf 1944, S. 241—250. WIDDIGE und BOSTON: Künstliche Aufgasung eines Abbaufeldes und Nutzbarmachen des Methans für die Gasversorgung.

strecke ausgesparten Rösche hochgestoßen und sollten möglichst das Flöz Blücher oder Karl erreichen, also die Flöze Ernestine und Ida durchstoßen. Zweckmäßig werden die Bohrlöcher noch etwas weiter vom oberen Baurande in einer Entfernung von 20—30 m unterhalb der Kopfstrecke angeordnet, um ein Übergreifen des an der Baukante oft eintretenden Hangendabrisses auf die Bohrlöcher besser zu vermeiden.

Von den ersten Bohrlöchern abgesehen erhielten die Bohrlöcher einen Durchmesser von 80 mm. In sämtlichen Bohrlöchern wurden als unterer Abschluß Rohre von 80 mm Durchmesser und etwa 2,5 m Länge einzementiert. Um die Rohre von 80 mm Durchmesser einbringen zu können, erhielten die Bohrlöcher im unteren Teil einen Durchmesser von 120 mm.

Das Gas wird aus den Bohrlöchern durch ein Gebläse abgesaugt und durch eine Rohrleitung dem über Tage stehenden Kesselhaus zugeführt.

Der Zusammenhang der Gaslieferung mit der durch die Abbausenkung bewirkten Auflockerung des Hangenden wird sehr eindeutig durch die am Bohrloch *o* durchgeführten Gasmengen erwiesen.

Die durch den Abbau von Röttgersbank I bewirkte Gaslieferung des Bohrloches *o* war im Laufe von 6 Monaten allmählich von über 10 m³ CH_4/min auf 0,8 m³/min am 1. 10. 1945 zurückgegangen und das Bohrloch lieferte in den letzten Monaten bis zum 1. 1. 1944 nur noch ~ 0,4 m³/min. Der CH_4-Gehalt betrug ständig 80—90%.

Nun mußte am 20. 12. 1943 ein Abbau auf Flöz Röttgersbank II aufgenommen werden, dessen Abbaufront (Abbaubeginn bzw. erstes Aufhauen) anfangs 27,0 m streichend westlich des Bohrloches *o* lag. Am 23. 1. 1944 lag der Abbaustoß unmittelbar unter dem Bohrloch und am 1. 3. 1944 etwa 38,30 m östlich des Bohrloches.

Den Zusammenhang zwischen der Lage des Abbaustoßes und der Gaslieferung des Bohrloches zeigt folgende Tabelle:

Lage der Abbaufront zum Bohrloch	27 m westl.	17 m westl.	Om	38 m östl.	52 m östl.
Gaslieferung des Bohrloches *o* . . .	0,4 m³/min	0,4 m³/min	2,0 m³/min	6,3 m³/min	7,3 m³/min
Tagesdatum	20. 12. 1943	1. 1. 1944	23. 1. 1944	1. 3. 1944	1. 4. 1944

Das Bohrloch *o* stand mehr im Zentrum der Abbauwirkung und nicht am Rande wie die in der oberen Abbaustrecke durchgestoßenen. Es zeigte sich deutlich der Zusammenhang der Zunahme der Gaslieferung mit der Auflockerung des Hangenden durch den Abbau von Flöz Röttgersbank II.

Die Tatsache, daß die Gaslieferung des Bohrloches *o* beginnt bzw. schon wieder steigt, ehe der Abbau an dasselbe herankommt (in der Zeit zwischen dem 1. 1. 1944 und 23. 1. 1944) steht in Übereinstimmung mit der übergreifenden Deckenbiegung und mit den Feststellungen von Gassmann und Mommertz, wonach sich beim Herannahen des Abbaues an Bohrlöcher, die in dem dort erwähnten Beispiel von der Oberstrecke 20—25 m tief ins Flöz getrieben waren, Gasausströmungen ergaben, sobald der Abbau ~ 6—8 m an diese herankam. Andererseits zeigt die Zunahme der Gaslieferung, die noch anhält, nachdem der Abbau — 52,0 m über das Bohrloch hinweggeschritten ist, daß die Auflockerung des Hangenden, die durch dessen Absenkung bewirkt wird, vom Abbaustoß verhältnismäßig weit in das abgebaute Feld reicht. Die hangenden Flöze geben danach Gas ab, sobald während der Zeit der Hangendsenkung eine elastische Volumendehnung derselben erfolgt. Auf Seite 148 meines Buches „Bergmännische Gebirgsmechanik", II. Auflage, hatte ich schon darauf hingewiesen, daß sehr starke Gasmengen den Grubenbauen zugeführt werden können, wenn infolge einer mit dem Abbau verbundenen periodischen Hangendsenkung mehr oder weniger plötzlich größere Flächen der hangenden Flöze entspannt werden, so daß entsprechend große, bisher kapillar gebundene Gasmengen frei werden. Ich habe im Beispiel Wenzeslausgrube darauf hingewiesen, daß die Senkungs- und Entlastungsvorgänge, ebenso wie das „Arbeiten" des Gebirges kurz vor Brüchen, stets mehr oder weniger deutlich periodisch verlaufen. In dem angezogenen Falle gab offenbar der durch die Störung mehr oder weniger stark abgetrennte Teil zuerst nach, so daß hier der Ausbruch erfolgte. Die Gaslieferung aus den ins Hangende gestoßenen Bohrlöchern wird also stets gewissen Schwankungen unterliegen.

Natürlich ist zu erwarten, daß beim weiteren Vorwärtsschreiten des Abbaues nach Osten die absinkenden Hangendschichten allmählich wieder dicht übereinanderlagern. Dadurch wird auch der Zufluß aus der Entgasung der hangenden Flöze und des im Abbau befindlichen an dieser Stelle erschwert, so daß die Gaslieferung des Bohrloches wieder nachläßt[1]).

Wichtig ist die Tatsache, daß die ins Hangende gestoßenen Bohrlöcher sowohl beim Abbau des Flözes Röttgersbank I als auch bei dem *nachfolgenden* Abbau des Flözes Röttgersbank II Gas lieferten, bis der Abbau so weit vorgeschritten war, daß sich das Hangende wieder genügend senkte, um einen stärkeren Druck auszuüben und auch die hangenden Schichten wieder ausreichend zu verdichten. Jedenfalls genügte diese Druckzunahme, um das in den hangenden Flözen freigewordene Gas wieder kapillar zu binden, so daß sich beim Abbau des Flözes Röttgersbank II *dieselben Vorgänge wiederholen konnten.*

Es handelt sich also auch hier um Vorgänge, die auf die kapillare Bindung der Gase durch Verengung und auf deren Freigabe durch Erweiterung der Kapillaren zurückzuführen sind.

Man könnte nun einwenden, daß das Gas vor allem aus der durch den Abbau zerrütteten Kohle der hangenden Flöze stammt. Eine einfache Überlegung zeigt, daß Flöze, die etwa 40—50 m über einem im Abbau begriffenen Flöz von 1—1,5 m Mächtigkeit kaum wesentlich zerrüttet sein können, wenn ein normaler guter Versatzbau durchgeführt wird. Unterstellt man eine Absenkung des Hangenden des gebauten Flözes von 0,60 m und eine *mittlere* Auflockerung der absinkenden Hangendschichten von 1%, so endet die Auflockerung schon etwa 60 m über dem Hangenden unter dem noch fest anstehenden Gebirge. Bei einer Auflockerung von 2% tritt dieser Fall schon 30 m über dem Flöz ein. Die darüberliegenden Schichten senken sich nur geschlossen und erfahren infolge des unten wegfallenden Gegendruckes nur eine molekulare bis elastische Feinst-Volumenausdehnung. Wohl können am Abbaurande seitliche Zerrwirkungen in Gestalt von Rissen durch Abwanderung des Gebirges in den Senkungstrog erfolgen, aber es erfolgt keine völlige Auflösung. Da auch hier das Gesetz des periodischen Spannungsausgleiches gilt, werden stets nur größere Schollen entstehen, die in sich geschlossen bleiben. Spaltenbildungen sind zudem wohl nur bei wesentlich stärkeren Absenkungen als rund 0,6 m zu erwarten. Jedenfalls sind hiermit nicht die Erscheinungen der Entgasung und Gasbindung zu erklären. Es handelt sich nur um Begleiterscheinungen, die gegebenenfalls dem freigewordenen Gas Abflußwege geben.

Die Bohrungen können in manchen Fällen zweckmäßig so angesetzt werden, daß die schädliche Wirkung der Spaltenbildung vermieden wird. Liegt das gasgebende Flöz im Schieferton, so sind über der Mitte des einzelnen Baufeldes keine Spaltenbildungen zu erwarten. Das freigewordene Gas kann nur durch die Porenkanäle zu den am Baurande gelegenen Spaltenzügen und Bohrlöchern gelangen. Dazu ist viel Zeit erforderlich. Der Hangenddruck ist bei voranschreitendem Abbau längst wieder wirksam geworden, so daß das Gas wieder kapillar gebunden ist, ehe es abfließen kann. Daher ist es wohl zweckmäßig, die Entgasungsbohrungen regelmäßig über das ganze Baufeld zu verteilen, um die Abflußwege zu verkürzen und zu vermehren, und das freigewordene Gas möglichst vollständig zu gewinnen.

Es ergibt sich also, daß eine Gasgewinnung aus den hangenden Flözen eines im Betrieb befindlichen Abbaues erfolgen kann, *ohne* daß eine Zerrüttung der hangenden Flöze erfolgen muß.

---

[1]) Tatsächlich hört die Gaslieferung dieser Bohrlöcher in der Regel auf, sobald der Abbau so weit vorgeschritten ist, daß er ∾ 180—220 m vor jenen liegt.

F. FORSTMANN und P. SCHULZ[1]) haben nun nachgewiesen, daß auch Flöze durch Abbauwirkung zur Ausgasung gebracht werden können, die im Liegenden des Abbaues anstehen: „Nach dem bisherigen Stand der Erkenntnis kann aus dieser Quelle in vorher als schlagwetterfrei befundenen Grubenräumen unvermittelt Gas auftreten.“ Abb. 13 zeigt diese Verhältnisse

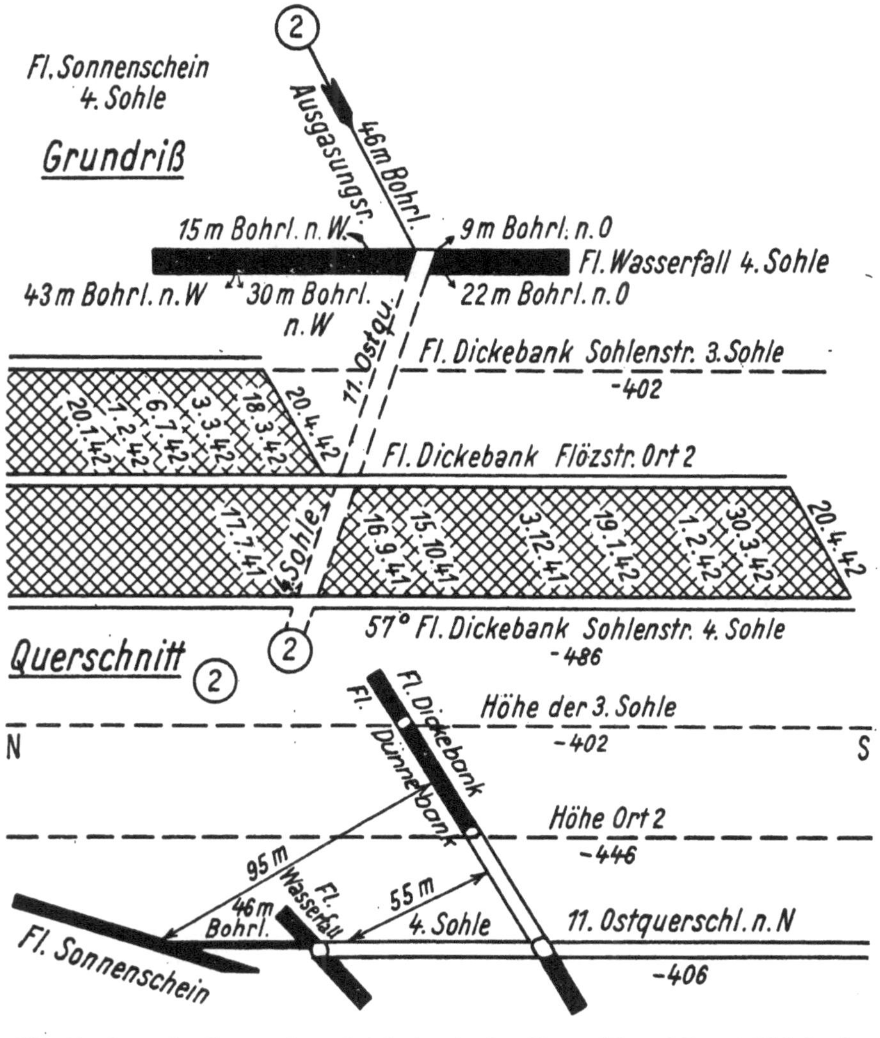

Abb. 13. Lage der Untersuchungsbohrlöcher in den Flözen Wasserfall und Dickebank

in Grundriß und Profil. „Der Abbau im Flöz Dickebank näherte sich im Laufe der Untersuchungen von Westen her dem 11. Querschlag, in dem sich die Untersuchungsbohrlöcher befanden. Zunächst wurde, wie der Grundriß erkennen läßt, ein Streb von der Sohlenstrecke der 4. Sohle bis Ort 2 abgebaut, alsdann folgte 8 Monate später in 120 m Abstand der Abbau in dem darüberliegenden Streb, der von Ort 2 zur 3. Sohle reichte. Zuerst ging also der untere Streb über den 11. Querschlag und damit auch über die Bohrlöcher hinweg, später folgte der obere Streb. Aus dem Profil (Abb. 13 unten) ergibt sich, daß die Bohrlöcher im Flöz Wasserfall 55 m und das Bohrloch im Flöz Sonnenschein 95 m *bankrecht* unter Flöz

[1]) Bergbau-Archiv, Bd. I, S. 81 ff. R. FORSTMANN und P. SCHULZ: Die heutigen Erkenntnisse über das Auftreten von Grubengas und seine Bekämpfung (hier S. 105—106).

Dickebank liegen. *Die Beobachtung hat gelehrt, daß die bankrechte Lage des Abbaues über den Bohrlöchern für den Beginn der Beeinflussung von Wichtigkeit ist.*“ Die schematische Lage der Bohrlöcher zeigt Abb. 14.

„In den normalen Ablauf der unbeeinflußten Ausgasung bringt der 17. 7. 1941 für das 43 m vom Querschlag nach Westen in das Flöz Wasserfall getriebene Bohrloch einen scharfen Wendepunkt in der Gasmenge. Am 17. 7. war der Abbau des Flözes Dickebank mit dem oberen Strebende, welches bankrecht über den Bohrlöchern liegt, gerade über das Bohrlochtiefste des 43-m-Bohrloches hinweggegangen. Im gleichen Zeitpunkt begannen die Ausgasungen. Durch den Abbau in Flöz Dickebank war 55 m über Flöz Wasserfall und ebenso

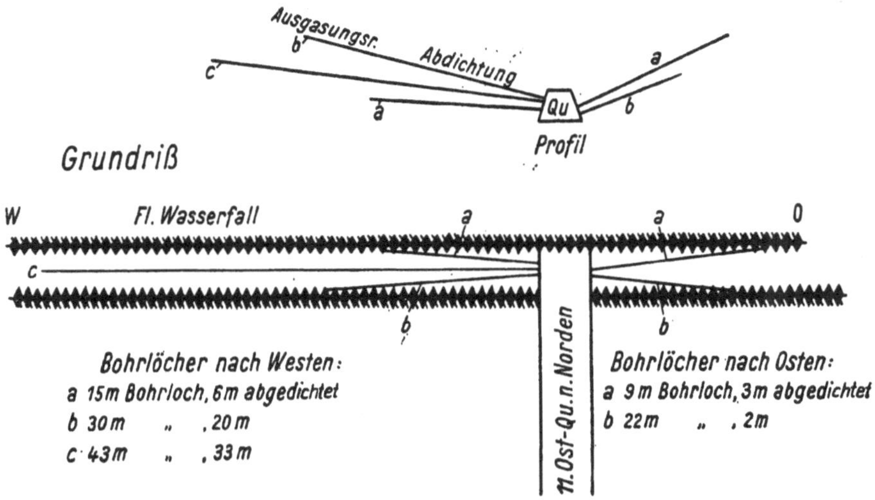

Abb. 14. Schematische Darstellung der Bohrlöcher in Flöz Wasserfall

auch über dem Bohrloch ein Hohlraum im Gebirge entstanden, zu dem die Gebirgsschichten von allen Seiten hindrängten (Abb. 15). Mit dieser Bewegung der Schichten in Richtung auf den Hohlraum in Flöz Dickebank war zwangsläufig eine Auflockerung der Kohle verbunden und *damit begann eine Druckentlastung.*“ Gleichzeitig begann die verstärkte Ausgasung, die so lange zunahm, als durch Fortschreiten des Abbaues immer größere Teile des Ausgangsraumes und seiner Umgebung von der Auflockerung betroffen wurden. Mitte Oktober stand der Abbau mit seinem oberen Ende etwa 50 m östlich des Ausgangsraumes des 43-m-Bohrloches, und *nun* begann eine *Abnahme* der *Entgasung.*

Ein neuer Beeinflussungsabschnitt, der grundsätzlich gleichartig verlief, begann in dem Augenblick, in dem der zweite Abbaubetrieb von Flöz Dickebank in das Bereich des Bohrloches kam.

Auch im Flöz Sonnenschein wird die Ausgasung deutlich durch den Abbau im Flöz Dickebank beeinflußt. Der erste Abbau, d. h. der untere Streb in Flöz Dickebank kann, wie Abb. 13 erkennen läßt, keinen sehr bedeutenden Einfluß gehabt haben, da seine Haupteinwirkung Flöz Sonnenschein im wesentlichen unterhalb des Bohrloches traf. Wohl wirkt der obere Streb ein. Im Monat September betrug hier die Ausgasung 330 l/h. Ende September ging der Abbau in Dickebank über den Querschlag hinweg, wobei er allerdings hauptsächlich unterhalb des Bohrloches wirkte. Immerhin stieg die Ausgasung im Oktober auf 615 l/h, im November auf 723 l/h, die in gleicher Stärke bis Januar anhielt, während die Ausgasung in Flöz Wasserfall schon nach 3 Monaten nachließ. Der Unterschied dürfte sich daraus erklären, daß Flöz Sonnenschein von Flöz Dickebank einen Abstand von 95 m hat, so daß unter Annahme eines Grenzwinkels von 45° der Abbau von Dickebank schon 95 m über das Bohrloch hinweggerückt sein muß, bis der Ausgasungsumschwung einsetzt.

FORSTMANN und SCHULZ ziehen aus den Beobachtungen die nachstehend wiedergegebene Schlußfolgerung: „*Während bisher bekannt war, daß die Kohle dann erheblich stärker ausgast,*

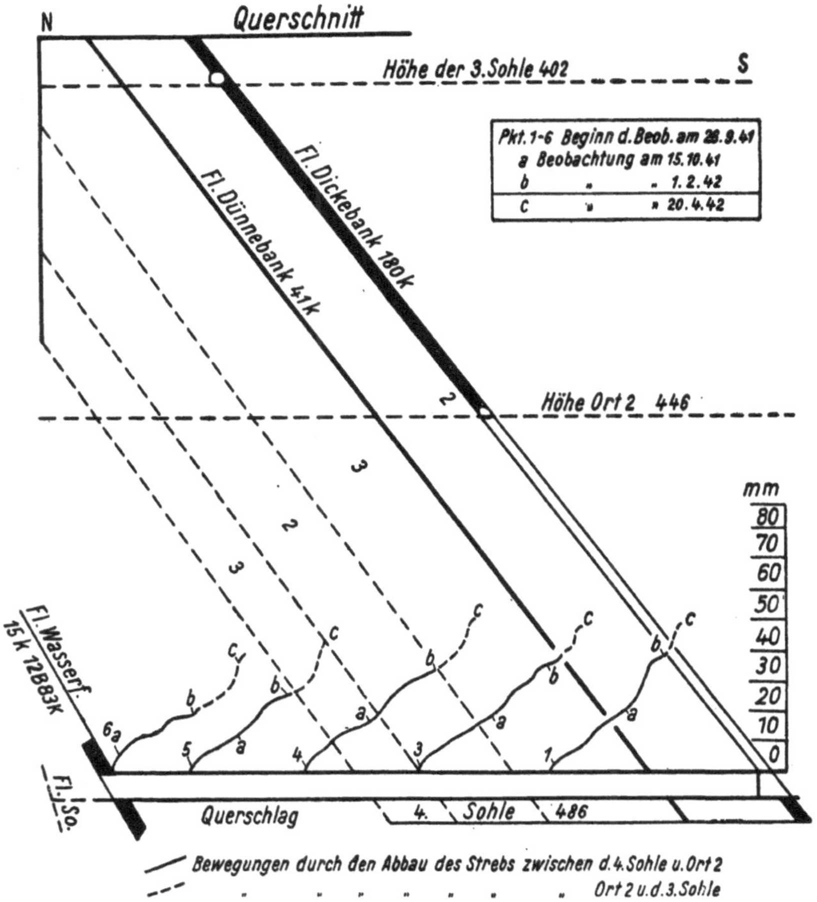

Abb. 15. Gebirgsbewegungen im Abt.-Querschlag durch den Abbau in Flöz Dickebank

wenn sie durch Druck (Abbaudruck) zerdrückt wird, zeigen die Beobachtungen, daß sie auch dann stärker, und wie wir gesehen haben, wesentlich stärker ausgast, wenn sie durch Druckentlastung aufgelockert wird. Der Grund dürfte ein doppelter sein. Erstens verringert sich die *Gasaufnahmefähigkeit*, wie die Untersuchungen von Prof. RUFF und anderen gezeigt haben, zweitens wird die Gasdurchlässigkeit der Kohle durch Auflockerung gesteigert."

Beide Verfasser kommen zu den folgenden Beziehungen zwischen Ausgasung und Zustand der Kohle:

Ausgasungsverhältnisse der drei Zustandsarten der Kohle:

1. Ausgasung der unbeeinflußten Kohle . . . . 50 l/h m² = 1
2. Ausgasung der Kohle unter Abbaudruck . . . . 550 l/h m² = 10
3. Ausgasung aus beeinflußter (also druckentspannter) Nachbarkohle 50 m³/h m² = 1000

Bei 95 m bankrechtem Abstand des Flözes Sonnenschein von dem in Flöz Dickebank umgehenden Abbau dürfte eine Zerdrückung der Sonnenschein-Kohle durch die Abbauwirkung völlig ausgeschlossen sein. Derartige Erscheinungen wären auch dann kaum denkbar, wenn im Flöz Sonnenschein unter dem Abbau in Dickebank Grubenbaue vorhanden gewesen wären, da das bekannte mächtige, feste und massige Sandsteinhangende dieses Flözes den Druck aufgenommen und gleichmäßig auf große Flächen verteilt hätte. Aber Flöz Sonnenschein war noch „allseitig geschlossen". Druckwirkungen, die eine Zerstörung der Kohäsion der Kohle herbeiführte, konnten nicht auftreten, da offene Grubenbaue fehlten und der Druck durch das Sandsteinhangende stark verteilt wurde. Es kann sich hier nur um elastische Volumendehnungen der Flözkohle handeln. Der Hinweis auf die Versuchsergebnisse von Ruff, daß die *Gasaufnahmefähigkeit* der Kohle durch Volumendehnung verringert wird, zeigt, daß auch Ruff schon feststellte, daß die Kapillarkräfte mit der durch die elastische Volumendehnung verbundene Erweiterung der Poren vermindert werden, also auch deren Gasaufnahmefähigkeit, während gleichzeitig die Gasdurchlässigkeit erhöht wird.

Offen bleibt nur noch die Frage, ob bei Wiedereintritt des Druckes nach der Zusammenpressung des Versatzes auch eine fühlbare Zusammenpressung der Kohle durch Messungen nachgewiesen werden kann. Sie liegt zweifellos vor, und genügt, um das weitere Ausströmen des Gases aus den Nachbarflözen zu unterbinden oder mindestens wesentlich einzuschränken. Die Ausströmung wird sofort wieder angeregt, wenn die Volumendehnung wieder durch einen neuen Abbau ermöglicht wird. Es ist allerdings sicher, daß die Zusammenpressung durch den im alten Mann allmählich wieder wirksamen Hangenddruck langsamer und, gegenüber dem Zustand der unbeeinflußten Kohle, in geringerem Grade vor sich gehen wird, aber sie macht sich, wie eben erwähnt, durch die Verminderung der Ausgasung deutlich bemerkbar. Jedenfalls müssen diese Feststellungen auch für den Fall wissenschaftlich berücksichtigt werden, wenn man glaubt, von der Annahme der Wirkung der Volumendehnung absehen zu wollen. Anderenfalls läßt sich eine wissenschaftlich einwandfreie Klärung dieser wichtigen Fragen nicht erzielen.

Eine möglichst vollständige Gewinnung der beim Abbau freiwerdenden Methangase ist nicht nur wirtschaftlich vorteilhaft, vor allem mindert sie auch die Gefahr der Schlagwetterexplosionen, da der Gasgehalt der Grubenwetter durch das rechtzeitige Abfangen der Methangase entsprechend niedrig gehalten wird.

Die Klärung der Ursachen der mit der Volumendehnung verbundenen Möglichkeit von Gasausströmungen dürfte auch für den Kalisalzbergbau im Südharzgebiet von wesentlicher Bedeutung sein.

Bekanntlich hat der Abbau der Kalisalze im Südharzgebiet in seinen Anfangsstadien an keiner Stelle CH_4-Ausströmungen gezeigt. Auch die durch den Zechstein niedergebrachten Bohrungen brachten vor Beginn des Abbaues im Südharzgebiet keine CH_4-Ausströmungen. Erst nachdem die Abbaue eine gewisse Ausdehnung erreichten und überschritten, zeigten sich zunehmende CH_4-Ausströmungen, so daß die Betriebe vielfach als Schlagwettergruben behandelt werden mußten.

Die Ursachen sind m. E. darin begründet, daß die beim Kammerbau üblichen Pfeiler in der Regel überbelastet sind, so daß sie eine plastische Formänderung erleiden, die in der Regel erst eintritt, sobald die Abbaufläche so groß ist, daß die Biegungssteifigkeit der massigen Hangendschichten (Steinsalz), die bekanntlich in der dritten Potenz ihrer Mächtigkeit wächst, überwunden wird. Sobald aber die plastische Verformung der Pfeiler in größerem Umfange wirksam wird, wird ein entsprechender Anteil des Auflagedruckes für die Formänderungsarbeit verbraucht. Damit sinkt auch der auf die Liegendschichten wirksame Druck. Je nach den verfügbaren Elastizitätskräften des im Liegenden anstehenden, entlasteten Zechsteins kann dieses eine Volumendehnung erfahren, durch welche das in ihm gebundene Gas frei wird und ausströmen kann.

Der Auflagedruck, durch den der Zechstein diejenige Verengung seiner Kapillaren erfährt, die eine kapillare Bindung der Gase erfordert, dürfte bei Deckgebirgsmächtigkeiten von mehr als etwa 600 m liegen. Jedenfalls sind Abbaugetriebe im Kupferschiefer bei etwa 600—700 m Teufe in der Regel durch Auftreten von Schlagwettern gefährdet.

Die restlose Klärung dieser Frage ist auch für den Salzbergbau von Bedeutung, da durchaus die Möglichkeit besteht, daß der Zechstein im Liegenden des Salzes Träger der Gase ist, die vielfach im Südharzgebiet Schwierigkeiten verursachen. Es liegt dann die Wahrscheinlichkeit vor, daß der Druck der im Zechstein gebundenen Gase durch das Ausweichen des älteren Steinsalzes in die darübergelegenen Abbauräume aktiv wird und durch Spalten nach oben in die Grubenbaue abfließen kann. Wichtig ist vor allem die Möglichkeit, die durch den Salzbergbau aktivierten Gasmengen systematisch nach dem im Steinkohlenbergbau gegebenen Vorbild zu gewinnen und wirtschaftlich zu verwerten.

Aus den Überlegungen ergibt sich zunächst, daß die Entgasungsmöglichkeit des Hauptdolomites durch die Abbauwirkung herbeigeführt wird, also von dem Abbaufortschritt abhängt. Die Teile des Hauptdolomites, die noch unter der vollen Auflast des Deckgebirges stehen, können demnach nach menschlicher Voraussicht nicht entgasen, also keine Gase liefern, sofern nicht aus tiefer gelegenen Erdöllagerstätten Gase zuströmen können. Im letzteren Falle ist die Frage grundsätzlich vom Gesichtspunkt der Erdölgewinnung zu behandeln. Wohl ist damit zu rechnen, daß an den Stellen, an denen sich das Deckgebirge nach der Zerdrückung der Pfeiler und Zusammenpressung des Versatzes wieder mit vollem Druck auflegt, auch die Entgasungsmöglichkeit nachläßt, weil das Gas dann wieder kapillar gebunden wird. Es ergibt sich daraus, daß die Gasgewinnung in Übereinstimmung mit dem Abbau gebracht werden muß. Selbstverständlich ist auch eine geologische Untersuchung der Beschaffenheit des Hauptdolomites nötig, da die Möglichkeit eines Fazieswechsels z. B. in der Form besteht, daß der Hauptdolomit einen zu großen Tongehalt bekommt und dann nicht mehr gasführend ist. Ebenso müssen die etwa vorliegenden hydrologischen Schwierigkeiten untersucht und beachtet werden. Es ist auch zweckmäßig, die Gasgewinnung möglichst umfassend und möglichst energisch in den Stellen zu betreiben, in denen der Abbau gerade vorgeht, damit diese Stellen, soweit sie Gas abgeben können, tatsächlich auch ausgenutzt werden und nicht infolge des Wiedereintrittes des Druckes späterhin von selbst versagen.

Nachtrag

Während der Drucklegung der vorstehenden Abhandlung wurde ich gelegentlich einer Informationsreise, die mich in das westfälische Steinkohlenrevier führte und dem Studium der dortigen Methangewinnung aus dem Steinkohlengebirge galt, auf Herrn Oberbergrat Doergé, Leiter des Bergreviers Aachen, aufmerksam gemacht, da auf seine Anregung Methangas im Kalisalzbergbau bei Mühlhausen/Elsaß von 1935 gewonnen sei. Ich möchte nicht verfehlen, Herrn Oberbergrat Doergé für seine wertvollen Mitteilungen meinen besten Dank auszusprechen. Herr Oberbergrat Doergé teilte mir mündlich mit, daß beim Abbau des dortigen unteren Flözes wiederholt das Liegende im alten Mann aufgebrochen sei und erhebliche Methangasmengen aus den Bruchspalten in die Grubenbaue ausströmten.

Das Flöz wurde im Strebbau abgebaut unter Verwendung von Wanderkästen zum Schutze des Daches im Abbauraum.

Herr Doergé ordnete an, das Liegende am Stoß zu durchbohren, die Bohrlöcher zu verrohren und das austretende Gas durch anschließende Rohrleitungen abzuleiten. Er machte die Beobachtung, daß die dicht am Abbaustoß niedergebrachten Bohrlöcher zunächst kein Gas lieferten. Die Gasausströmung setzte erst ein, nachdem der Abbau einige Meter vorgerückt war und versiegte erst, nachdem der Abbau eine erhebliche Strecke vor der Bohrung lag und das Deckgebirge sich wieder vollständig abgesenkt hatte.

Es zeigte sich auch hier deutlich die Abhängigkeit der Gasausströmung von der Entlastung und erneuten Belastung infolge der mit dem Abbau verbundenen Gebirgsbewegung. Sie decken sich mit den Feststellungen, die Winter im Glückauf 1953, S. 617 f. in seiner Arbeit „*Ausgasungsgefahren im Steinkohlenbergbau, ihre Ursachen und ihre Überwachung*", veröffentlichte. Er weist darauf hin, daß

1. der Methangehalt und die Ausgasung auf der Raubschicht und auf der Kohlenschicht ansteigen, jedoch am Ende der Raubschicht stärker als gegen Ende der Kohlenschicht (S. 618).
2. Er stellt fest: Kommt ein großer Teil des Gases aus dem Hangenden, dann fallen Methangehalt und Ausgasung an Tagen der Betriebsruhe und steigen an den folgenden Tagen bis zur Wochenmitte oder Wochenende wieder an. *Häufig ist am vierten Tage nach der Betriebsruhe die Ausgangsspitze wieder erreicht* (S. 619).
3. Der Methangehalt und die Ausgasung nehmen auf der Schrämschicht zu und in der folgenden Kohlenschicht allmählich wieder ab.

   Wird nicht geschrämt, dann steigen Methangehalt und Ausgasung in der *Kohlenschicht* an. Die Gesamtausgasung wurde durch die Änderung des Betriebsablaufes nicht beeinflußt. Ein Unterschied besteht aber in der Ausgasung auf den einzelnen Schichten bei verschiedenem Betriebsablauf. Durch das Schrämen wurde schon ein großer Teil des Gases frei und verteilte die durch das Lösen der Kohle verursachte Ausgasung auf zwei Schichten.
4. Bei der Untersuchung der Wetterwirtschaftsstellen wurden bisher vor allem *zwei* Ursachen für die Entstehung von „Gaswolken" ermittelt:

   a) plötzliches Abreißen des *Haupt*hangenden[1]),

   b) größere Wettermengenänderungen, besonders Steigerung der Wettermenge nach vorangegangener längerer Wetterminderung (S. 626).

---

[1]) Vgl. Kegel: Bergmännische Gebirgsmechanik. 2. Aufl., 1950. S. 148, Abs. 2.

Insbesondere die durch die Schrämarbeit bewirkte Anpassung der Ausgasung an die Betriebsvorgänge beweist ebenso deutlich wie die Beobachtung von DOERGÉ, daß die Ausgasung nicht eine Zermürbung der gashaltigen Schichten erfordert, sondern daß die Druckentlastung und die damit verbundene elastische Volumenzunahme genügen, um eine Ausgasung zu ermöglichen.

Auf einem Steinkohlenbergwerk im Bezirk Aachen zeigten sich an dem in die Saugeleitung eingebauten Filter nach längerem Betrieb gelblich gefärbte Ausscheidungen von butterähnlicher Konsistenz. Die Zusammensetzung der Ausscheidungen ist unbekannt. Immerhin läßt diese Feststellung den Schluß zu, daß es sich um schwere Kohlenwasserstoffe handelt. In diesem Falle wäre also das gleichzeitige Auftreten von Methan und schweren Kohlenwasserstoffen noch kein Beweis für das unmittelbare Auftreten von Erdöl am gleichen Ort. Diese Beobachtung wäre evtl. für die Beurteilung der Zusammensetzung des im Kalisalz austretenden Methangemenges von Bedeutung. Es würde sich daraus ergeben, daß zur Beantwortung der Frage, ob man sich im einzelnen Falle durch Bohrungen etwaigen Erdöllagerstätten nähert, eingehende geologische Untersuchungen nötig sind.

Die Lösung dieser Frage ist von besonderer Bedeutung, wenn man die Möglichkeit ausnützen will, die durch den Salzbergbau aktivierten Gasmengen nach dem im Steinkohlenbergbau gegebenen Vorbild zu gewinnen und wirtschaftlich zu verwerten.

FSC
www.fsc.org
MIX
Papier | Fördert gute Waldnutzung
FSC® C083411

Kolibri 360 GmbH
Ferdinand-Jühlke-Straße 7
99095 Erfurt, Deutschland
produktsicherheit@kolibri360.de